巧厨娘·人气食单

爆款烧烤

万龙 编著

青岛出版集团 | 青岛出版社

烧烤，舌尖与美味的邂逅

　　有一种烹饪，只需简单的食材和步骤，就能呈现出诱人的滋味；有一种食物，一入口就使人感到无比愉悦，并且魂牵梦绕、念念不忘——那就是烧烤。

　　烧烤，总带着一股子热烈的劲头，让人不禁联想到围坐在热腾腾的烤炉旁，在四溢的香气中，大啖手中鲜嫩美味的过瘾画面。各种新鲜可口的食材，在或辛辣或甜润的酱料的催化下，在炭火的烘烤下，纷纷飘出诱人的香气，散在充满热情的空气中。

　　烧烤是这样一种体验，它从一开始便唤起了人们的好奇心，中间的过程则充满着未知、奇妙，直到最后给人难以言表的幸福感觉……与其说烧烤是一种烹饪方式，莫不如说是一段童话般奇妙的旅程。

　　烧烤是充满童趣的，它犹如一个游戏，能唤回人的童心。没有哪一种烹调方法用到的食材、调料、工具能如此丰富：各式的烤具，精巧的刀具，还有形形色色的涂抹、搅拌工具，五花八门，各司其职。

　　烧烤是必须时刻关注的，每个细节都需要注入所有的细心、耐心。将各种食材切块、串好、腌制、刷酱、翻转，要贯注十分的精力，一个走神，都有可能让你感受变形的成品、烤煳的滋味，这个过程正是烧烤成功的关键所在。

　　直到最后一刻，手捧着自己精心烤制的食物，闻到令人垂涎欲滴的香味，尝到和期待中一样的美妙滋味，一切辛苦都值了。

　　如果您热爱烧烤，却只会烤烤肉串、馒头片，那么一定要拿起本书仔细研读，相信它会为您打开一扇通往美味烧烤的大门。本书介绍了一系列让人着迷的特色烧烤，选择的食材从肉类、水产、菌类，到蔬菜、水果、主食，极其丰富；书中给出了每一道烧烤佳肴所需材料、调料的用量，用详细的文字和精美的步骤图诠释了做法，即使是厨房新手，也能轻松做出烧烤美食。

　　做好舔净盘子的准备，开始享受这一串串、一盘盘的美食吧！

目录
contents

第一章　让你秒变殿堂级大厨的秘诀

- 10　烧烤美味秘诀
- 12　烧烤健康秘诀
- 14　调料：烧烤好搭档

第二章　腌料、蘸料，点燃味蕾的激情

腌料
- 18　芥末红酒香草汁
- 19　京都汁
- 20　红曲料酒汁
- 21　蜂蜜黑椒汁
- 22　奶油浓汁
- 23　怪味烤汁
- 24　照烧酱汁
- 25　香橙叉烧酱
- 26　咖喱黄油酱
- 27　土耳其烤肉擦料
- 28　墨西哥辣酱
- 29　柠檬味汁

蘸料
- 30　风味红椒酱
- 30　麻辣烧烤汁
- 31　泰式辣椒酱
- 31　龙师傅秘制辣酱

第三章　最具人气美味烧烤

肉类
- 35　万州烤鱼
- 37　孜然羊肉串
- 39　烤五花肉
- 41　烤牛柳
- 43　柠檬烤鸡翅

海鲜
- 45　黑椒烤虾
- 47　清酒扇贝

其他
- 49　烤土豆
- 51　烤茄子
- 53　孜然烤馍片

目录

第四章　这样烤，美味撩人吃到爽

肉食烧烤

页码	菜名	页码	菜名
57	牙签羊肉	111	沙嗲鸡腿
59	烤羊排	113	金针菇鸡胸卷
61	芥末香草烤羊排	115	秘制烤鸭腿
63	烤羊腿肉	117	香橙叉烧酱烤鸭胸
65	土耳其烤肉	119	酱烤鸭脖
67	香嫩牛腹肉	121	烤乳鸽
69	黑椒牛仔骨	123	香菇烤鹌鹑蛋
71	烤沙嗲牛肉串	125	咖喱烤墨鱼丸
73	烤牛舌	127	麻辣烤平鱼
75	金针菇肥牛卷	129	香烤巴沙鱼
77	烤牛肚	131	三文鱼卷
79	照烧肉串	133	圣女果龙利鱼
81	秘制猪肉脯	135	烤鱼排
83	蒜香排骨	137	罗勒菠萝烤黄鱼
85	烤京都排骨	139	墨西哥辣酱烤金鲳鱼
87	秘制猪肋骨	141	芝士烤虾
89	叉烧肉	143	风味小烤鱼
91	蜂蜜黑椒烤里脊	145	炭烤皮皮虾
93	泰酱梅肉	147	串烧海螺肉
95	烤猪脚	149	烤鲍鱼
97	爆香烤肉饼	151	噁汁烤生蚝
99	烤脆皮肠	153	柠檬味汁烤八爪鱼
101	照烧琵琶腿	155	泰式辣酱鱿鱼
103	红曲汁烤鸡肉	157	香茅明虾
105	烤鸡肉串	159	烤草鱼
107	烤鸡胗	161	烤罗非鱼
109	怪味烤鸡条		

目录 contents

果蔬烧烤

163 秘制烤红薯片	191 素烤茭白
165 奶酪烤鲜笋	193 香烤大蒜
167 烤鲜芦笋	195 烤香干
169 烤娃娃菜	197 黄油紫薯
171 奶油浓汁西蓝花	199 香菜酱香菇
173 芝士烤口蘑	201 香菜卷
175 烤胡萝卜	203 烤薯角
177 烤四季豆	205 烤苹果干
179 迷迭香烤南瓜	207 红糖烤西柚
181 鲜烤杏鲍菇	209 烤菠萝片
183 盐烤秋葵	211 鲜柠檬烤腰果
185 烤嫩豆腐	213 烤板栗
187 烤紫菜	215 琥珀核桃
189 黑椒烤豇豆	217 五香盐爆花生

主食烧烤

219 烤奶香玉米饼
221 烤饭团
223 烤面包片

附录一　烧烤好搭档——爽口凉菜

224 花生仁拌菠菜	226 什锦豆干丝
224 泡菜西芹	226 姜汁豆角
225 凉拌黑木耳	227 盐汁竹笋
225 爽口萝卜皮	227 柴鱼豆腐

附录二　烧烤好搭档——降火凉茶

228 二十四味凉茶
229 杏仁奶茶
229 清热茅根竹蔗茶

第一章

让你秒变
殿堂级大厨的秘诀

围炉而坐,翻烤着食材,轻抹上酱料,一个个美味在烟雾缭绕中慢慢变得活跃起来,让人不禁食指大动。本篇章列出的烧烤秘诀,助你瞬间成为人人称赞的殿堂级大厨!

烧烤美味秘诀

别以为烧烤只是简单地将食材翻几下，再抹些酱料就万事大吉了。其实，下的功夫不一样，烤出的味道也不尽相同。不信，按照下面的秘诀烤一次试试，保证让你快速成为人人称赞的殿堂级大厨！

1. 不同食材，腌制时间不同

很多人烧烤出来的肉没什么味道，其实就是因为没有提前进行腌制。如果想要肉类食材更入味，可在烤制的前一晚先将肉腌好放入冰箱里，第二天取出直接烤制即可。腌制前将腌料和食材以类似按摩的手法抓拌一下，更有利于入味。

鱼、虾等海产品腌制的时间则不宜过长，略腌片刻后即可烤制，否则会流失其鲜美的滋味。在腌制鱼肉时，腌料要均匀地涂抹在鱼身上，在此过程中还要翻一次面，这样才能均匀地入味。

2. 锁住肉汁和营养

锁住肉汁是把肉烤得好吃的关键，但是烤肉时，肉汁会慢慢渗出而流失，流失得愈多，烤肉就愈不好吃，所以必须要学会锁住肉汁的技巧。把肉的外表煎到呈黄褐色，肉里的蛋白质受热以后会凝固，形成保护膜，使肉汁无法外流。如牛排、羊排等食材先煎一下再烤，就能锁住里面的肉汁，但注意不可久煎，否则会影响口感，营养也会流失。烧烤酱的酱汁黏稠，也有助于锁住肉中的汁水。另外，烤时不要用叉子刺破食物，翻面时最好是用筷子或夹子来进行。

3. 完美掌握食材生熟度

使用电烤箱、微波炉烤制食物，只需参考标准化的时间和温度即可，相比炭火烧烤要容易掌握一些。实际烧烤时，可依据个人喜好的生熟度加以调整。若一次性烤制较多食材，则需要增加烤制时间。

4. 保持烤具的清洁度

　　将竹扦、烧烤针、牙签等厨具提前用水浸泡，可以起到灭菌的作用，还能防止烤煳。烧烤时要随时用铁刷刷掉烤架上的残渣，保持烤架清洁，这样就不会影响到食物的美味。电烤箱的每个角落都要保持干净卫生，包括烤盘、烤架等，每次使用后都需清洁。

5. 看准季节选食材

　　跟着时令选择烧烤食材，不仅能享受到当季的新鲜美味，其营养也更加丰富。如果你在市场里买不到本书中的某种食材，或者家里有人忌口，可以相应变换食材，说不定会带来惊喜呢。

烧烤健康秘诀

烧烤加啤酒的组合是心头大爱,但是又担心这样吃不够健康。其实只要注意以下几点,就能体验烧烤带来的美妙滋味了。

1. 勿烤得太焦

烧烤中所说的"烤焦一点"是指把食材烤至比"收紧"更老一点的程度,可以算是略焦,通常会比烤至刚熟的味道更可口。"烤焦一点"的程度一定要掌握好,不可过焦,因为肉类食物烤得焦糊后很容易产生致癌物质,其所含油脂滴到炭火上时产生的化学物质会随着油烟的挥发附着在食物上,有很强的致癌性。因此,不易熟或者体积大的食物,要先切成易熟的小块后进行烤制,以免外焦内生。

2. 加料要适宜

烧烤时加酱料和盐的量要适宜,避免过咸。烤蔬菜和水产时不需要太多的调味品,只需用盐、橄榄油调味就很美味了。

3. 肉品肥瘦要相宜

人们通常认为无论是烤肉还是炒肉类的菜肴,都以选择肥瘦相间的五花肉为好,因为肥肉中含有丰富的油脂,烤出或者煸出这些油脂的食物会非常香。但是,对于长期被肥胖或者"三高"症状困扰的人来说,烤肉最好选择偏瘦的肉,毕竟吃得健康才最重要。

4. 食物多元化

一般来讲,适合烧烤的食材有肉类、海鲜、蔬菜、水果、菌类、面食和豆制品等几类。肉类是烧烤食材的主力军,可以选择猪五花肉、羊肉、羊腰、牛肉、鸡翅和鸡柳等。海鲜可以选择活鱼、鲜鱿鱼、墨鱼仔、活虾、大闸蟹、鲜贝等,要特别注意食材的鲜活。蔬菜瓜果类可以调剂一下烧烤的种类,此类食品中最受欢迎的应是土豆、玉米、红薯、山药、芋头、青菜等。菌类烤好后会有近似烤肉的味道和口感,常用来烤制的有香菇、口蘑、杏鲍菇等。面食和豆制品可以选择的有馒头片、面包片、小烧饼、包子、豆腐块、腐竹等。烧烤时选择多种食材,不仅增加了进食的乐趣,还能带来均衡的营养。

5. 生熟器具要分开

烧烤时可以准备两套餐具,生、熟食物所用的碗、盘、筷子等器具要分开,以避免熟食受到污染而吃坏肚子。

调料：烧烤好搭档

烧烤所用的调料是很重要的，它直接决定着烤好的食物的味道。下面就一起来看看常用烧烤调料有哪些吧！

1. 调味

● 盐

"百味之首"，是最常用的调味品。

盐

● 辣椒粉

辣椒磨成细粉状，具有增强食欲、降脂减肥的功效。在烧烤中，无论是直接撒在烤好的食物上还是和其他调料混合，都能让食物更加美味，给人独特的味觉享受，深受人们的喜爱。

辣椒粉

● 芥末酱

具有刺鼻的辛辣味，可用于拌凉菜或调制生吃鱼片的蘸酱。在烧烤中，可将芥末酱加番茄酱、蜂蜜等调成蘸酱食用。

芥末酱

● 麦芽糖

一种糖类，可以给烤制的食物增加色泽和香味。

麦芽糖

● 黄油

牛奶加工制品，营养丰富，在烧烤中常代替橄榄油涂抹在肉制品上。但其含脂肪量很高，忌过多食用。

黄油

● 蜂蜜

烧烤肉类时刷上适量蜂蜜，烤熟后色泽金黄，吃起来既有蜂蜜的香甜又有肉的鲜美，可谓色香味俱全。

蜂蜜

2. 提鲜

● 酱油

提鲜佳品。常见品种有生抽和老抽。生抽色淡、味道鲜美，老抽色深、咸甜适口。在烧烤中，生抽一般用来调味提鲜，老抽用来上色。

酱油

● 蚝油

用蚝肉和盐水熬制而成，营养价值较高且调味范围广泛，是烧烤中常用的调味品，咸味烧烤均可用其调味提鲜，肉类用蚝油腌制还可去除腥味。

蚝油

● 鱼露

又名鱼酱油，是用小鱼虾制成的，味道极为鲜美，并且能够遮盖肉类的异味。

鱼露

3. 去腥

● 柠檬汁

被称为"万能调味王"，能够去除食物本身的异味和腥味，如肉类、海鲜、蛋的腥味，洋菇的涩味及洋葱的味道等。

柠檬汁

● 孜然粉

气味芳香浓烈，是烧烤肉类食物的绝配。

孜然粉

● 花椒粉

气味浓厚，可以去除各种肉类的腥臊异味，改变口感，促进唾液分泌，增强人的食欲。

花椒粉

● 胡椒粉

海南特产之一，可药食两用，入药有温胃祛寒之功效，还能去腥、助消化；用作调味品时能去腥提鲜。需要注意的是表面有胡椒粉的食物不可高温油炸。

胡椒粉

● 小茴香

是重要的香料植物，叶与果实均具有特异的香气，加入鱼或肉类食材中，有去腥增香的作用。

小茴香

● 大蒜

是常用的调味品，味辛辣，可去除腥味，也可以和其他调料混合作为烧烤类食物的蘸酱。

大蒜

第二章

腌料、蘸料，点燃味蕾的激情

将盐、糖、辣椒粉以及多种香草混合，赋予了食物更美妙的味道。无论是辛辣还是甜润，腌料和蘸料的魔力在炭火的催化下，妖娆地挑逗着味蕾的热情。

芥末红酒香草汁

多用于羊肉,如芥末香草烤羊排。

具体操作案例请参考本书 p.52-53。

推荐理由:

红酒味道层次井然,散发着淡淡的果香,融入了法式芥末酱细滑微酸的味道,整个酱汁被赋予了红酒的柔和、芥末酱的清新和香草的醇香。

材料

红酒 .... 100 毫升
迷迭香 .... 5 克
大蒜 .... 1 头
法式芥末酱 .... 5 毫升
橄榄油 .... 10 毫升
盐 .... 10 克

制作

将大蒜剁成蓉,加入法式芥末酱,再加入红酒、迷迭香、橄榄油及盐,搅拌均匀即可。

提示

红酒要适量,不可太多,否则酱汁会变得苦涩,影响口感。

京都汁

多用于肉类食材，如烤京都排骨等。

具体操作案例请参考本书 p.76-77。

推荐理由：

大红浙醋透着玫瑰红色，散发着独特的清香，味道略甜微鲜，再搭配陈醋的酸香、蜂蜜的清甜，做成的酱汁酸甜甘鲜、余味无穷。

材料

大红浙醋............50 毫升
陈醋................25 毫升
蜂蜜................50 毫升
白砂糖..............25 克
盐..................2 克
芝麻油..............25 毫升

制作

将所有材料一同放入碗内，搅拌均匀即可。

提示

也可将材料放在锅里用小火熬煮，使糖更快溶化，但是要注意不能煮滚，否则醋会蒸发，影响酱汁的口感。

腌料、蘸料，点燃味蕾的激情

1

2

3

红曲料酒汁

多用于制作带甜味的畜肉类食材，如红曲汁烤鸡肉。

具体操作案例请参考本书 p.94-95。

推荐理由：

红曲米又称赤曲、红米、福曲，呈棕红色，散发着淡淡的曲香味。这款酱汁是用红曲米配以料酒、酱油、蜂蜜混合而成的，入口咸鲜微甜，色泽红润。

材料

红曲米......................30克
料酒..........................40毫升
酱油..........................40毫升
蜂蜜..........................40毫升

制作

将红曲米、蜂蜜、酱油、料酒依次放入盆中，搅拌均匀即可。

提示

制作红曲料酒汁时要不断地搅动，才能让红曲米的颜色充分融入酱汁中，做出来的酱汁颜色更红亮，味道也更均匀。

蜂蜜黑椒汁

多用于肉类食材,如蜂蜜黑椒烤里脊。

具体操作案例请参考本书 p.82-83。

推荐理由:

清润甘甜的蜂蜜,加上香味浓郁的黑胡椒粉,看似非常不搭的组合,却能带来特别的风味。

材料

蜂蜜..................... 15 毫升
黑胡椒粉................10 克
老抽..................... 15 毫升
料酒..................... 5 毫升

制作

将所有的材料混合,搅拌均匀即可。

提示

如果没有蜂蜜,可以用麦芽糖代替,做出的酱汁味道也是很好的。

腌料、蘸料,点燃味蕾的激情

奶油浓汁

一般用于蔬菜、水果类食材,如奶油浓汁西蓝花等。

具体操作案例请参考本书 p.162-163。

推荐理由:

这是一款独特的酱汁,奶油醇厚香甜,牛奶清甜可口,鸡清汤鲜香扑鼻,而黄油、盐则使酱汁更清香可口。

材料

盐 5克
黄油 100克
面粉 100克
鲜奶油 150克
牛奶 150毫升
鸡清汤 400毫升

制作

将黄油放进烤箱,上下火温度调至250℃烤约5分钟,待其化成液体后取出,再加入面粉中搅拌,接着依次加入牛奶、鲜奶油、鸡清汤、盐搅拌至呈糊状即可。

提示

鸡清汤可以选用市售的盒装清鸡汤,也可以用清水加浓缩鸡精调制。

怪味烤汁

适用于本味鲜美的食材,如怪味烤鸡条等。

具体操作案例请参考本书 p.100-101。

推荐理由:

"怪味"是集麻、辣、酸、甜、鲜、咸、香于一体的一种独特味道。这款酱汁入口酸辣鲜香,富有层次感。

材料

芝麻酱	20 克
鸡清汤	10 毫升
酱油	20 毫升
白砂糖	10 克
米醋	20 毫升
花椒粉	5 克
辣椒油	10 毫升
盐	少许

制作

将芝麻酱放碗里,加入米醋调匀,加入花椒粉、盐、白砂糖、辣椒油、酱油搅拌均匀,再加入鸡清汤拌匀即可。

提示

可根据个人喜好加入少许南乳汁,会让此酱汁更富有新意。

腌料、蘸料,点燃味蕾的激情

照烧酱汁

这是一款日本风味的调味汁,常用于肉类食材,如照烧肉串、照烧琵琶腿等。具体操作案例请参考本书 p.92-93。

推荐理由:

把蚝油、酱油、黑胡椒粉、香油混合成酱汁,味道浑然天成,相得益彰。

材料

黑胡椒粉……………3 克
白砂糖………………10 克
蚝油…………………20 毫升
酱油…………………10 毫升
香油…………………10 毫升

制作

将蚝油、香油、酱油、黑胡椒粉、白砂糖依次放入碗中,搅拌均匀即可。

提示

照烧酱汁也可以放在锅中熬煮,加热至糖溶化即可。

香橙叉烧酱

多用于禽肉类食材,如香橙叉烧酱烤鸭胸。
具体操作案例请参考本书 p.108-109。

推荐理由:

这款酱汁不是单纯的酸或辣或甜,而是集酸、辣、鲜、甜于一体,带给味蕾不一样的感受。

材料

香橙酱	20 毫升
橄榄油	10 毫升
蚝油	10 毫升
盐	5 克
甜辣酱	20 毫升

制作

将香橙酱、蚝油、甜辣酱、橄榄油、盐一同放入碗中,搅拌均匀即可。

提示

香橙叉烧酱中可以加入适量的番茄沙司,用来平衡橙子的酸度。

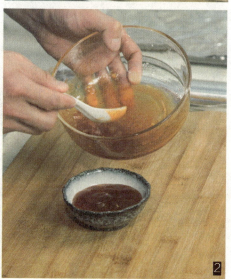

咖喱黄油酱

多用于海鲜、牛肉类食材，如咖喱烤墨鱼丸等。

具体操作案例请参考本书 p.116-117。

推荐理由：

咖喱很会抢风头，只要有它在，便会有"喧宾夺主"的气势。咖喱加黄油牛奶等制成的咖喱黄油酱风味独特、气味浓郁。

材料

黄油......................20 克
葱末、蒜片.........各 45 克
咖喱粉..................10 克
鲜牛奶..................适量

制作

将葱末、蒜末、黄油、咖喱粉、鲜牛奶一同放入碗中，搅拌均匀即可。

提示

咖喱黄油酱中还可以适量添加鲜泰椒蓉和干葱蓉，味道会更浓郁。

土耳其烤肉擦料

多用于肉类食材,如土耳其烤肉。

具体操作案例请参考本书 p.56-57。

推荐理由:

土耳其的烤肉和香料世界闻名,其中加入肉桂棒、丁香、孜然粉等香料制成的擦料尤为常见,具有非常浓郁的芳香味。

材料

孜然粉	45 克
黑胡椒粉	15 克
生姜粉	5 克
香叶	2 片
肉桂粉	少许
丁香碎末	少许
清水	适量

制作

将肉桂粉、丁香碎末、香叶一同平铺在烤盘上,放入烤箱,上下火调至230℃烤约5分钟后取出,盛入碗中,再加入清水、生姜粉、孜然粉、黑胡椒粉搅拌均匀,浸泡约4小时即可。

提示

在做土耳其烤肉擦料的过程中可加入少许牛肉粉,气味会更浓郁芳香。

腌料、蘸料,点燃味蕾的激情

墨西哥辣酱

用于墨西哥口味的烧烤食品调味,如墨西哥辣酱烤金鲳鱼。

具体操作案例请参考本书 p.130-131。

推荐理由:

墨西哥的辣椒世界闻名,炮制方法亦多不胜数。此款酱汁香辣诱人,辣度直逼五颗星!

材料

番茄丁 .... 100 克
果糖、姜末 .... 各 5 克
香菜末、洋葱末 .... 各 8 克
柠檬汁 .... 8 毫升
蒜蓉辣椒酱 .... 10 毫升
盐、白胡椒粉 .... 各适量

制作

将所有材料一同放入盆中,搅拌均匀即可。

提示

蒜蓉辣椒酱可以用红尖椒或泰国辣椒代替。

柠檬味汁

多用于肉类食材，如柠檬味汁烤八爪鱼等。

具体操作案例请参考本书 p.144-145。

推荐理由：

不得不说，将柠檬用于烧烤是一个美妙的创意。柠檬的清新酸甜交融着白醋的香醇，酸甜之味缓缓流淌于舌尖、心间。

材料

柠檬	1个
盐	5克
白砂糖	5克
白醋	10毫升
料酒	15毫升

制作

将柠檬洗净，榨汁，柠檬汁放入碗里，调入盐、白砂糖、料酒和白醋拌匀即可。

提示

柠檬味汁也可以放在锅中熬煮，加热至糖溶化即可。

腌料、蘸料，点燃味蕾的激情

蘸料

风味红椒酱

推荐理由：

辣椒酱是烧烤中经常用到的酱料之一，此款酱汁虽选材简单，但极好地体现了材料的原味和鲜味，很是美味。

材料： 青尖椒100克，番茄100克，洋葱20克，红尖椒20克，香菜10克，泰式辣椒酱适量

制作： 将青尖椒、红尖椒、洋葱、番茄、香菜分别洗净，切末，加入泰国辣椒酱，搅拌均匀，放置于冰箱1小时后取出即可。

应用： 可作为玉米片、点心、菜肴等的蘸料。

大师支招

◎酱料腌制时要封上保鲜膜

风味红椒酱做好后容易变黑，腌制时封上保鲜膜则可以避免这个问题。

麻辣烧烤汁

推荐理由：

新鲜的葱末、浓郁的姜末以及豆瓣酱完美结合，香辣带劲的风味，烧烤后令人齿颊留香。

材料： 豆瓣酱25克，花椒粉3克，葱末5克，姜末3克，盐少许，酱油10毫升，胡椒粉1克，白砂糖5克，香油5毫升

制作： 将葱末、姜末放入盆中，再加入豆瓣酱、酱油、白砂糖、盐、胡椒粉、花椒粉、香油搅拌均匀即可。

应用： 可用于海鲜、羊肉等。

大师支招

◎花椒粉要适量

花椒粉不要放太多，以酱汁的口感微麻为宜。

泰式辣椒酱

推荐理由：

将甜辣酱和是拉差辣椒酱拌匀，就做成了别具风情的泰式辣椒酱。这款酱汁辛辣诱人，是烧烤类食物重要的蘸料之一。

材料： 泰国甜辣酱500克，是拉差辣椒酱250克

制作： 将泰国甜辣酱、是拉差辣椒酱依次放入碗中，搅拌均匀即可。

应用： 多用于蔬菜、菌类食材。

大师支招

◎可适量调整配方

是拉差辣椒酱可根据自己口味调整用量，多加一些，酱汁味道会更酸甜可口。

龙师傅秘制辣酱

推荐理由：

龙师傅秘制辣酱颇有几分江湖儿女的侠气，口感浓烈丰润。此款酱料材料繁复，其实做法很简单。

材料： 黄豆酱500克，香菜30克，姜、蒜、葱各50克，白砂糖50克，香油适量，红尖椒500克，红辣椒、青辣椒各100克，清水、食用油各适量

制作：

1. 将香菜、姜、蒜、大葱、红尖椒、红辣椒、青辣椒分别洗净，切末，一同放入盆内。
2. 锅置于火上，加入食用油、香油烧热，倒入黄豆酱炒匀，再加入少许清水，调入白砂糖，翻炒均匀。
3. 将炒好的酱汁浇入步骤1的盆中，搅拌均匀即可。

应用： 可用于肉类、海鲜、主食等食材。

第三章

最具人气美味烧烤

烧烤的美味往往令人无法抗拒，下面列举出了最具人气的烧烤美食，烧烤达人必知哦！

人气食单
最具人气烧烤
推荐指数
★★★★

大师支招

◎ 鱼腌制后更易入味

鱼腌制半小时以上就能烤了,不过时间久一点会更入味。

◎ 烤鱼过程中刷一次油,可防止表皮被烤干

烤鱼的过程中记得要刷一次油,不然表皮会被烤干,影响口感。

推荐理由:

万州烤鱼,一种发源于重庆的特色美食,集腌、烤、炖于一体,借鉴川菜用料特点,形成独特的风格。烤好的鱼外皮香脆、肉质鲜嫩、汤汁红亮、辣而不燥,具有独特的焦香味和浓郁的鱼香味。

万州烤鱼

材料

- 罗非鱼……………………3 条
- 洋葱………………………半个
- 泡胭脂萝卜………………1 个
- 芹菜………………………2 根
- 孜然粉……………………5 克
- 花椒粉……………………5 克
- 蚝油………………………10 毫升
- 泡椒………………………25 克
- 大蒜………………………5 瓣
- 花椒粒……………………20 克
- 五香粉……………………5 克
- 辣椒粉……………………5 克
- 盐…………………………3 克
- 白糖………………………3 克
- 泡姜………………………1 块
- 大葱………………………1 根
- 干辣椒段…………………30 克
- 郫县豆瓣酱………………10 克
- 料酒………………………10 毫升
- 胡椒粉……………………5 克
- 香菜………………………3 根
- 香油、食用油……………各适量

做法

1. 将鱼剖开，收拾干净，放入盐、料酒、胡椒粉腌制30分钟；洋葱洗净，切成块；大蒜去皮，切片；大葱洗净，切段；泡椒切成圈；泡姜切成小块；泡胭脂萝卜切成长条；芹菜洗净后切成段；香菜洗净，切碎。
2. 烤盘上铺上锡箔纸，放入腌好的鱼，在鱼身两侧刷上食用油、香油，再撒上孜然粉、胡椒粉、五香粉、辣椒粉。
3. 烤箱预热至250℃，放入烤盘，烤约30分钟。
4. 取出烤盘，鱼身上再刷一层油，放回烤箱内，调至220℃，续烤15分钟。
5. 锅中加油烧热，下入郫县豆瓣酱炒出红油，再加入泡姜、泡椒、泡萝卜、大蒜片、干辣椒段、花椒粒炒香，然后加入芹菜段、洋葱，调入蚝油、料酒、胡椒粉、盐、白糖，加入少量清水拌匀，煮开后关火即成底料。
6. 将底料浇在鱼身上。
7. 将烤盘放入烤箱内，调至220℃，烤约20分钟。
8. 取出烤盘，撒上花椒粉、香菜、葱花即可。

工具

电烤箱　烤盘　锡箔纸

孜然羊肉串

材料

羊腿肉....................300克
孜然粉、辣椒粉....各15克
白芝麻....................10克
盐..............................5克
料酒........................40毫升
色拉油....................10毫升
蒜............................适量

工具

烧烤架　烧烤针

做法

❶ 将羊肉洗净，沥干水，切成小块，放入盆中。
❷ 把蒜拍碎，放入盆中，再加入盐、白芝麻、辣椒粉、孜然粉、料酒、色拉油和少许水，搅拌均匀。
❸ 用烧烤针将羊肉块穿成串。
❹ 将肉串放于烧烤架上熏烤10分钟，再刷上色拉油，撒上孜然粉、辣椒粉，接着用炭火再烤1分钟即可。期间要适当翻几次面。

推荐理由：

烤羊肉串是最受人们欢迎的烧烤食物之一，烤出来的肉串颜色红润，外焦香、里软嫩，咸鲜微辣，有一股孜然的特殊香味。

· 大师支招 ·

◎ 穿羊肉串的技巧

穿羊肉串的时候，一定要沿着肉纹的方向穿，这样肉块才不会在烤制过程中散落。

烤五花肉

材料

五花肉.....................250 克
洋葱.........................1 个
梨............................1 个
韩国辣椒酱...........10 毫升
黑芝麻......................5 克
清酒.........................5 毫升
酱油.........................5 毫升
麦芽糖......................3 毫升
香油.........................5 毫升
雪碧.........................10 毫升
辣椒粉、白砂糖....各少许
蒜蓉、姜蓉.............各适量
食用油......................适量

工具

烧烤架

推荐理由：

肥瘦相间的上好五花肉，手工切成片，再经过较长时间的腌制，肉片会非常入味，而烤制后的五花肉吃起来肥而不腻，让人越吃越上瘾。

大师支招

◎ 烤五花肉刷上油

烤肉时刷上适量的食用油，不仅可以保持肉的湿润度，还可让肉的口感更焦香。

做法

① 将五花肉洗净，切厚片，放入盆内。洋葱洗净，切成丝。梨洗净，放入料理机中打成泥。
② 五花肉片中加入洋葱丝、梨泥及所有调料搅拌均匀，腌制约 30 分钟。
③ 将腌好的五花肉放于烧烤架上，刷上食用油，烤熟即可。

烤牛柳

材料

牛柳……………200克
盐………………适量
白芝麻…………适量
食用油…………适量
孜然粉…………适量
辣椒粉…………适量

工具

烧烤架
烧烤针

做法

❶ 将牛柳洗净,切成片,用烧烤针穿好。
❷ 将牛柳串放于烧烤架上,撒上盐、孜然粉、白芝麻、辣椒粉,刷上食用油,烤至七八分熟即可。期间要翻几次面。

推荐理由:

牛柳肉质细腻、鲜嫩,经过巧妙地烤制,腌料的滋味浸入牛柳的纹理之间,滋味鲜美且极富口感。

大师支招

◎ 牛柳不要烤至全熟

牛肉烤至七八分熟时还有美妙的牛肉原味,烤得时间太长,肉质就会变得坚韧,鲜美口感会消失殆尽。

1

2

柠檬烤鸡翅

材料

鸡翅 .... 200 克
柠檬 .... 1 个
黑胡椒粉 .... 5 克
盐 .... 5 克
辣椒粉 .... 10 克
色拉油 .... 少许

工具

电烤箱　　烤盘　　锡箔纸

做法

1. 将鸡翅正面、背面各切一刀,放入盆内。
2. 将柠檬切开,一半切块,一半取汁,依次放入盆中,再调入盐、黑胡椒粉、辣椒粉,最后放入少许色拉油,搅拌均匀。
3. 将鸡翅放在烤盘中,推进烤箱,上下火温度调至230℃,烤制约10分钟。
4. 取出装盘,即可食用。

推荐理由:

鸡翅皮多肉少,烤好后鸡皮酥脆可口,连骨头嚼起来都非常有滋味,是烧烤达人的必点之菜。

·大师支招·

◎ 巧腌鸡翅更入味

　　腌制鸡翅时最好在正反面各划一刀,不仅比较容易入味,而且烤制时易熟。

黑椒烤虾

材料

大虾 .... 250 克
料酒 .... 15 毫升
黑胡椒粉 .... 10 克
姜粉 .... 5 克
生抽 .... 5 毫升
盐 .... 少许
食用油 .... 适量

工具

电烤箱　烤盘　锡箔纸

做法

① 将大虾洗净，剪去虾脚，挑去虾线，放入盆内。
② 依次加入盐、姜粉、黑胡椒粉、生抽、料酒，搅拌均匀。
③ 烤盘内铺入锡箔纸，刷上一层食用油，放上腌制好的虾，再在虾上刷适量的食用油。
④ 电烤箱上下火调至230℃，推入烤盘，烤制约8分钟。
⑤ 将烤好的虾取出装盘即可。

推荐理由：

烤虾可谓人见人爱，虾烤起来既快又均匀，而且能将虾肉的天然甜味烤出来。烧烤后的大虾均匀地裹满黑胡椒粉，入口后既有大虾本味的鲜美，又有烧烤特有的浓香。

大师支招

◎ 巧去虾线

用剪刀将虾背剪开，既方便取出虾线，还能令虾肉更加入味。

清酒扇贝

材料

扇贝	4只
清酒	2毫升
味啉	1毫升
海盐	适量
食用油	适量

工具

烧烤架

做法

❶ 将扇贝取肉，在扇贝肉上轻划"十"字刀纹，清洗干净，再加入味啉、清酒腌制5分钟。

❷ 把腌好的扇贝放回扇贝壳中，壳朝下放于烧烤架上，刷上食用油，撒上海盐，烤熟即可。

人气食单
最具人气烧烤
推荐指数
★★★★★

推荐理由：

提起烤海鲜，就不得不说烤扇贝。烤制后的扇贝肉香嫩可口，又富有嚼劲，释放出来的肉汁鲜香无比，有一种无法言说的美妙滋味。

大师支招

◎ 判断扇贝肉烤熟的方法

扇贝壳内出现渗出的肉汁，且扇贝肉缩小时，就表示烤熟了。

1

2

烤土豆

材料

土豆......................300 克
辣椒粉....................5 克
孜然粉....................5 克
白芝麻....................5 克
蒜油......................30 毫升

工具

烧烤架　　烧烤网夹

做法

① 将土豆去皮，洗净，切片。
② 将土豆片放入烧烤网夹中，再放到烧烤架上熏烤，刷上蒜油，待烤至快熟时撒上辣椒粉、孜然粉、白芝麻即可。期间要翻几次面。

推荐理由：

烤土豆是最容易吃上瘾的食物之一，用高温烤制能使土豆香酥绵软，同时充分吸收炭火的香气，滋味让人难以抗拒。

大师支招

烤土豆时刷上蒜油，不仅可以去除土豆的土腥味，而且会使土豆香气四溢。

1

2

烤茄子

材料

茄子	2个
鸡粉	3克
蒜蓉	50克
葱花	10克
盐	5克
白砂糖	5克
胡椒粉	2克
红油	适量

工具

烧烤架　烧烤针　锡箔纸

大师支招

◎怎样做酱汁更好吃？

在酱汁中调入红油，味道会更加丰富。在烤制茄子的时候，由于酱汁里有油，茄子的口感就不会干涩。

人气食单　最具人气烧烤　推荐指数 ★★★★

推荐理由：

烤茄子是唯一烤焦后看起来还不错的食物，烤好后口感绵软细腻，是不容错过的美味。

做法

❶ 将茄子洗净，去蒂，纵切成两半，中间不切断。
❷ 将锡箔纸放于烧烤架上，把茄子放在上面烤制。
❸ 将蒜蓉、葱花、鸡粉、红油、白砂糖、胡椒粉、盐依次放入盆中，搅拌均匀成酱汁。
❹ 待茄子烤至九分熟时刷上酱汁，再慢慢烤至熟透。
❺ 装盘，撒上葱花点缀即可。

孜然烤馍片

材料

馒头 2个
盐、花椒粉 各5克
辣椒粉 10克
孜然粉 15克
食用油 .... 适量

工具

烧烤架
烧烤针

做法

❶ 将馒头切成片，用烧烤针穿起来。
❷ 将食用油、盐、孜然粉、花椒粉、辣椒粉依次放入盆中，搅拌均匀成酱汁。
❸ 把馒头片放在烧烤架上烤至变色，涂上酱汁，再慢慢烤至酥脆。中间要翻几次面。

人气食单
最具人气烧烤
推荐指数
★★★★★

推荐理由：

咬一口烤馍片，相信你就会爱上它。烤好的馍片色泽金黄，酥脆可口，孜然的香味余味无穷。

· 大师支招 ·

烤馍片时要经常翻动，烤好后口感才酥脆均匀。

第四章

这样烤，美味撩人吃到爽

无论是浓郁鲜香的肉类、新鲜多汁的蔬果，还是酥脆可口的主食、面点，都能烤出诱人的美味，让你尽情享受烧烤带来的美妙滋味！

一丝醇香让人难抵诱惑·肉食烧烤

烹制肉类最简单也最美味的方法就是烧烤。烧烤的温度使肉类皮酥肉嫩、鲜美多汁,让人不禁食指大动。

人气食单
最具人气烧烤
推荐指数
★★★★

大师支招

羊肉上撒上孜然粉和白芝麻后再烤制,能使羊肉更酥软可口、香气四溢。

推荐理由:

在小巧的牙签上穿上腌好的羊肉块,再均匀地撒上白芝麻后烤制,烤好后色泽焦黄油亮,入口焦脆芳香,令人胃口大开。

牙签羊肉

材料

羊前腿肉 .... 300 克
白芝麻 .... 10 克
姜片 .... 10 克
葱段 .... 15 克
孜然粉 .... 15 克
辣椒粉 .... 10 克
盐 .... 5 克
食用油 .... 10 毫升

工具

电烤箱
烤盘
锡箔纸
牙签

做法

1. 牙签用水浸泡。
2. 将羊肉洗净，沥干水，切成小块，放入盆内。
3. 在盆内加入葱段、姜片、盐、白芝麻、孜然粉、辣椒粉拌均匀，再稍微加一点水使羊肉和调料更好地融合，腌制 5 分钟。
4. 电烤箱预热至 220℃。烤盘内铺入锡箔纸，刷上一层食用油。
5. 将腌好的羊肉加适量食用油搅拌均匀，之后穿在牙签上，放入烤盘，并撒上白芝麻和孜然粉。
6. 将烤盘放入预热好的烤箱，以 220℃烤 8 分钟即可。

烤羊排

材料

羊排 .... 1 片
柠檬 .... 小半个
海盐 .... 15 克
黑胡椒粉 .... 10 克
蒜蓉 .... 10 克
食用油 .... 适量

工具

烧烤架
烧烤针

做法

❶ 将羊排洗净，沥干水，放入盆内，挤入柠檬汁，加入蒜蓉、海盐、黑胡椒粉、食用油，用手抓匀，腌制约20分钟。

❷ 将羊排放于烧烤架上烤制约8分钟，期间适当翻几次面，烤至肉将熟时刷上食用油，接着再烤1分钟即可。

推荐理由：

羊排最适宜的烹饪方法之一是烧烤。烤好的羊排带着炭火的味道，被赋予了天然的香味，金黄酥脆，香美油润。

大师支招

1. 羊排中加入柠檬汁，不仅可以去除羊排的膻味，还能增加香味。

2. 在羊排将要烤熟时刷上食用油，既能增加羊排的光亮度，又能保持肉质的鲜嫩。

芥末香草烤羊排

材料

羊排 .... 500 克
芥末红酒香草汁 .. 40 毫升
（做法见本书 p.10）
黄油、香菜 .... 各适量
面包糠 .... 少许

工具

电烤箱　烤盘　锡箔纸

做法

1. 将羊排洗净，拌匀芥末红酒香草汁，腌制约 1 小时。
2. 烤盘内铺上锡箔纸，依次放入黄油、香菜和羊排。
3. 烤箱上下火调至 230℃，推入烤盘，烤约 6 分钟。
4. 取出烤盘，撒上面包糠，放入烤箱继续烤 6 分钟。
5. 将烤好的羊排取出装盘即可。

推荐理由：

这道菜是烤羊排中最受欢迎的做法之一，烤好的羊排香嫩可口，面包糠更是点睛之笔，二者搭配非常完美。

大师支招

装饰羊排时，可使用香草或其他蔬菜，这样不但能让菜品看起来更加诱人，还能使营养更加均衡。

烤羊腿肉

材料

羊腿肉	150 克
烧汁	10 毫升
蚝油	8 毫升
酱油	10 毫升
香油	4 毫升
孜然粉	20 克
白砂糖	4 克
牛肉粉	26 克
白芝麻	4 克

工具

烧烤架

做法

❶ 将羊肉洗净，切片，放入盆内。
❷ 加入烧汁、蚝油、酱油、香油、牛肉粉、白芝麻、白砂糖、孜然粉，用手抓匀，再放入冰箱腌制约10分钟。
❸ 将腌好的羊肉放于烧烤架上，刷上食用油，烤熟即可。

人气食单
最具人气烧烤
推荐指数 ★★★★

推荐理由：
羊肉经过烤制后被赋予多重口感——香酥多汁且带有浓重的烟熏味，味道妙不可言。

· 大师支招 ·

羊腿肉提前腌制后再烤制，味道会更加鲜美，口感更加嫩滑。

这样烤，美味撩人吃到爽

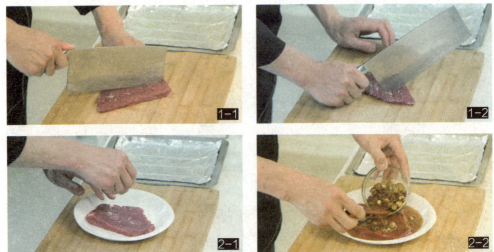

64

土耳其烤肉

材料

牛肉..................... 200 克
土耳其烤肉擦料....... 50 克
（做法见本书 p.19）
盐............................. 适量

工具

电烤箱　烤盘　锡箔纸

做法

❶ 将牛肉洗净，切片，打上花刀，再用刀尖在肉上轻剁几下，放在盘中。
❷ 将盐均匀地涂抹在牛肉两面，再倒入土耳其烤肉擦料，用保鲜膜封好，放入冰箱腌制一夜。
❸ 烤盘内铺上锡箔纸，刷上适量食用油，放上腌好的牛肉。
❹ 烤箱上下火调至 200℃，推入烤盘，烤约 10 分钟。
❺ 取出烤好的牛肉装盘即可。

这样烤，美味撩人吃到爽

人气食单
最具人气烧烤
推荐指数
★★★★★

推荐理由：
精选上好牛肉，腌制并烤熟后色泽油亮、香嫩可口。

◆ 大师支招 ◆

用刀尖在牛肉上剁几下，腌制时更易入味，烤制出的牛肉口感也更软嫩。

1

2

3

香嫩牛腹肉

材料

牛腹肉...................500 克
蒜蓉.....................10 克
番茄酱.................30 毫升
红酒.....................60 毫升
白胡椒粉...............5 克
盐........................5 克
食用油..................适量

工具

电烤箱
烤盘
锡箔纸

推荐理由：

烤牛腹肉是烧烤中最受欢迎的肉食之一，而且烤制的方法也很简单。烤好的牛肉鲜香软糯、入口即化，仿若美味正在舌尖上翩翩起舞。

做法

① 将牛肉洗净，切片，放入盆中。
② 加入红酒、番茄酱、盐、白胡椒粉、食用油、蒜蓉，用手抓匀，放进0℃~4℃的冰箱里腌制6小时。
③ 烤盘内铺入锡箔纸，把腌好的牛肉放在烤盘上。
④ 烤箱上下火调至230℃，推入烤盘，烤10分钟。
⑤ 取出烤盘，把牛肉翻面，放回继续烤5分钟。
⑥ 将烤好的牛肉取出，装盘即可。

大师支招

用刀轻拍牛肉，能起到嫩肉的作用，烤好后更鲜嫩。

黑椒牛仔骨

材料

牛仔骨..................500克
白砂糖、盐...........各少许
蚝油、生抽...........各少许
黑胡椒粉..................少许
食用油......................适量

人气食单
最具人气烧烤
推荐指数
★★★★★

推荐理由：

牛仔骨本身奶香十足，搭配黑胡椒很是美味。烤好的牛仔骨不仅鲜嫩柔韧，咬一口更是汁水四溢、回味无穷。

工具

电烤箱　　烤盘　　锡箔纸

做法

① 将牛仔骨洗净，擦干水，一面剞十字花刀。
② 将牛仔骨放入盆中，加入黑胡椒粉、白砂糖、盐、蚝油、生抽、食用油拌匀，腌制约1小时。
③ 烤盘内铺入锡箔纸，把腌好的牛仔骨放在烤盘上。
④ 烤箱上下火调至约230℃，推入烤盘，烤制约12分钟。
⑤ 将烤好的牛仔骨取出，装盘即可。

大师支招

牛仔骨一面剞十字花刀，腌制时更容易入味。

烤沙嗲牛肉串

材料

牛里脊肉 .... 160 克
沙嗲酱 .... 15 毫升
牛肉酱 .... 15 毫升
食用油 .... 适量

工具

烧烤架　竹扦

做法

❶ 将牛肉切粒，放入盆内。
❷ 加入沙嗲酱、牛肉酱、食用油，搅拌均匀，用竹扦将牛肉穿起来。
❸ 将肉串放于烧烤架上烤制 5 分钟，期间适当翻动竹扦，烤至肉熟即可。

推荐理由：

沙嗲牛肉串是一款南国风味烧烤菜，它形状小巧、口感筋道，一口就能吃下去，非常适宜做开胃食品。

大师支招

牛肉串快要烤熟后再翻烤另一面，因为牛肉串受热到一定程度后再翻面，才不容易粘到烤网上。如果不停地翻面，反而不容易熟，并有可能烤焦。

这样烤，美味撩人吃到爽

1

2-1

2-2

3-1

3-2

1

2

烤牛舌

材料

牛舌 150克
姜泥、蒜香粉 各5克
柠檬 .... 半个
盐、味精 各5克
米酒 15毫升
食用油 .... 适量

工具

电烤箱　烤盘　锡箔纸

做法

① 将牛舌洗净后切成薄片，放入盆内，加入盐、味精、蒜香粉、米酒、柠檬片、姜泥，搅拌均匀，腌制约15分钟。
② 再加入少许食用油拌匀。
③ 烤箱预热至230℃，烤盘内铺入锡箔纸，放上牛舌，推进烤箱烤制10分钟。
④ 取出装盘即可。

人气食单
最具人气烧烤
推荐指数
★★★★★

推荐理由：
牛舌是特别适合烧烤的食材之一，切片烤制后外焦里嫩，富有嚼劲。

这样烤，美味撩人吃到爽

· 大师支招 ·

腌制牛舌时加入柠檬片不仅能有效地去除牛舌的腥味，还能使肉质更鲜嫩爽脆。

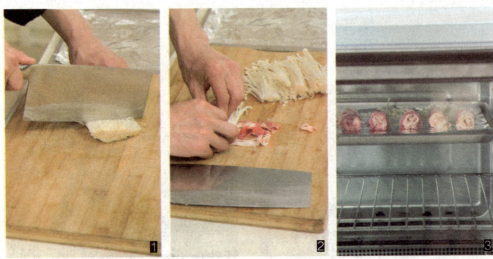

金针菇肥牛卷

材料

肥牛片	200 克
金针菇	50 克
蚝油	30 毫升
生抽	15 毫升
香油	5 毫升
白砂糖、白胡椒粉	各 5 克

工具

电烤箱　烤盘　锡箔纸

大师支招

1. 肥牛片尽量选择薄一些的,烤制出的口感会更好。
2. 肥牛片一定要卷结实,不然会在烤箱里散开。

人气食单
最具人气烧烤
推荐指数
★★★★★

推荐理由:

金针菇被肥牛片紧紧包裹住,再在高温烘烤中吸收了肥牛的油汁,变得更加美味。

做法

1. 将金针菇拆开,洗净,切去根部。
2. 在每片化冻的肥牛片上放适量金针菇,卷起包好,放到烤盘上。
3. 烤箱调至 200℃ 预热 5 分钟。烤盘推入预热好的烤箱中,烤制 3 分钟。
4. 将蚝油、生抽、白砂糖、白胡椒粉搅拌均匀,调成酱汁。
5. 拿出烤盘,在肥牛卷两面都均匀地刷上酱汁。
6. 将烤盘放入烤箱中再烤 5 分钟,取出刷上香油,装盘即可。

这样烤,美味撩人吃到爽

4

5

6

人气食单
最具人气烧烤
推荐指数 ★★★★

推荐理由：
烤牛肚拥有大批爱好者，烤制好的牛肚入口滑爽且富有弹性，咀嚼起来满口浓香。

烤牛肚

材料

熟牛肚	1个
葱段、姜片	各25克
八角、桂皮	各5克
香叶	5克
盐、牛肉粉	各10克
白砂糖	5克
生抽	15毫升
老抽	10毫升
辣椒粉	少许
孜然粉	少许
白芝麻	少许
食用油	适量

工具

烧烤架

做法

❶ 将熟牛肚洗净,切开。葱切段,姜切片。
❷ 锅置于火上,加入适量的清水,下入熟牛肚、葱段、姜片,调入盐、白砂糖、牛肉粉、生抽、老抽、八角、桂皮、香叶,盖上锅盖煮约30分钟。
❸ 将牛肚捞出,切成块。
❹ 将切好的牛肚放于烧烤架上熏烤,期间要翻几次面,烤至熟时撒上孜然粉、辣椒粉、白芝麻,刷上食用油即可。

大师支招

牛肚在烤制前先卤一下,在烤制时能更好地释放香味。

这样烤,美味撩人吃到爽

照烧肉串

材料

猪肉..........................200 克
照烧酱....................25 毫升
（做法见本书 p.16）
洋葱..............................1 个
青椒、红椒.............各适量
食用油.....................适量

工具

电烤箱　烤盘　锡箔纸

大师支招

也可将肉片用锡箔纸包好后放入烤箱烤制，口感同样很好。

推荐理由：

照烧酱是一种口感浓郁的酱料，猪肉加其调味烤制后味道鲜香，带有少许甜味。

做法

1. 将猪肉洗净，切片；洋葱洗净，切块；青椒、红椒分别洗净，切段。上述材料依次放入盆中。
2. 加入照烧酱汁搅拌均匀。
3. 烤盘内铺上锡箔纸，刷上适量食用油，放上腌好的猪肉、洋葱及青椒、红椒。
4. 烤箱上下火调至250℃，推入烤盘，烤制约8分钟。
5. 取出装盘即可。

3-1

3-2

4

5-1

5-2

5-3

这样烤，美味撩人吃到爽

· 大师支招 ·

1. 顺着一个方向用力搅打肉馅至上劲并变得黏稠,这是决定猪肉脯口感的关键。
2. 铺肉脯前在锡纸上先刷薄薄的一层油,可防止猪肉脯在烤制中因脱水而粘在锡纸上。

秘制猪肉脯

材料

猪肉馅..................350 克
白砂糖....................5 克
蜂蜜、老抽........各 15 毫升
白胡椒粉、盐........各 3 克
食用油....................适量
料酒......................15 毫升

工具

电烤箱　烤盘　锡箔纸

推荐理由：

猪肉的鲜香与蜂蜜的清甜相得益彰，经过高温烘烤后二者融为一体，叫人欲罢不能。

做法

❶ 将猪肉馅放入盆内，调入白砂糖、盐、老抽、白胡椒粉、料酒，略拌后倒入少许白开水调匀。
❷ 烤盘内铺上锡箔纸，刷上适量食用油，放上拌好的猪肉馅，用手压成薄片状。
❸ 再均匀地刷上食用油和蜂蜜。
❹ 电烤箱预热至 200℃，放入烤盘，烤制 10 分钟。
❺ 取出装盘即可。

蒜香排骨

材料

猪排骨 .... 300 克
蒸鱼豉油 .... 15 毫升
蚝油 .... 30 毫升
白砂糖 .... 10 克
姜末 .... 10 克
泰椒圈 .... 少许
蒜末 .... 适量

工具

电烤箱　烤盘　锡箔纸

做法

① 将排骨放入冷水中浸泡。
② 将蒜末、泰椒圈、姜末、蒸鱼豉油、蚝油、白砂糖一并放入碗中,调成酱汁。
③ 将排骨捞出控净水,放入酱汁中,用手抓匀,再放入冰箱中腌制约 2 小时。
④ 烤盘内铺上锡箔纸,排列好排骨,放入上下火预热至 220℃ 的烤箱烤 10 分钟。
⑤ 取出装盘即可。

人气食单
最具人气烧烤
推荐指数
★★★★★

推荐理由:
蒜香和肉香是绝佳的组合。用蒜末腌制的排骨烤制后外焦里嫩、蒜香浓郁,吃上一块就满口留香。

这样烤,美味撩人吃到爽

大师支招

排骨全靠酱汁调味,用手抓一抓酱汁中的蒜,能使蒜的味道充分融入酱汁中,从而使烤制出的排骨更加咸鲜入味,并有蒜香味。

4-1

4-2

5

烤京都排骨

人气食单
最具人气烧烤
推荐指数 ★★★★★

材料

排骨 ……………… 300 克
京都汁 …………… 300 毫升
（做法见本书 p.11）

工具

电烤箱　烤盘　锡箔纸

做法

① 将排骨放入水中浸泡 2 小时以上，期间换几次水，捞出沥干，放入盆中。
② 将京都汁加入沥净汁水排骨中，用手抓匀，再放入冰箱腌制约 30 分钟。
③ 将腌好的排骨沥净汁水，放在烤盘中，推入烤箱，上下火温度调至 250℃，烤制约 5 分钟。
④ 取出烤盘，把排骨翻面，放回烤箱继续烤 5 分钟。
⑤ 取出装盘即可。

推荐理由：

烤京都排骨是一道地道的老北京风味美食。烘烤后的排骨色泽红润、咸鲜微甜，很好地保留了排骨的原汁原味。

大师支招

排骨放在酱汁中用手抓匀，能使二者充分融合，烤制出来的排骨味道更好。

这样烤，美味撩人吃到爽

1

2

3

4

5-1

5-2

秘制猪肋骨

材料

肋排 .... 300 克
排骨酱 .... 10 毫升
叉烧酱 .... 10 毫升
料酒、蜂蜜 ...... 各 10 毫升
黑胡椒粉 .... 10 克

工具

电烤箱　烤盘　锡箔纸

做法

1. 将肋排放入水中浸泡 2 小时，洗净，沥干。
2. 将叉烧酱、排骨酱、料酒、蜂蜜、黑胡椒粉调成酱汁。
3. 把肋排放在酱料中腌制约 4 小时。
4. 电烤箱预热至 240℃，放入肋排，烤制 10 分钟。
5. 取出装盘即可。

推荐理由：

这道菜是以新鲜肋排配以叉烧酱、蜂蜜等烤制而成，酱汁味道渗透肋排，让人有把骨头都啃了的冲动。

大师支招

排骨腌制 4 小时后再烤，会让排骨更入味，吃起来才会肉香浓厚。

这样烤，美味撩人吃到爽

1

2

3

4

5

人气食单

最具人气烧烤

推荐指数 ★★★★

推荐理由：

叉烧肉是广东风味肉食之一。选用肥瘦相间的上好的梅肉，经过切片、腌制、烘烤，肉品色泽红亮、质嫩鲜香，酱汁鲜美诱人。

❶

❷

叉烧肉

材料

梅肉	600 克
叉烧酱	45 毫升
葱段	15 克
姜片	1 克
蒜碎	3 克
白酒	15 毫升
蜂蜜	适量

工具

电烤箱
烤盘
锡箔纸

做法

1. 将肉洗净,切厚片,放入盆内。
2. 加入葱段、姜片、蒜碎、白酒、蜂蜜、叉烧酱,用手抓拌,让肉均匀地沾一层酱汁,然后放置于阴凉处腌制约 6 小时。
3. 烤箱预热至 230℃。烤盘内铺入锡箔纸,上面放腌好的肉,推进烤箱烤制 15 分钟。
4. 取出装盘即可。

这样烤,美味撩人吃到爽

• 大师支招 •

1. 梅肉是做叉烧肉最好的选择,但一般在超市和市场中很难买到,瘦中带肥的前臀尖肉也是不错的选择。
2. 根据肉块的大小不同,烤制的时间也要相应调整。
3. 叉烧肉从表面很难看出是否已经全熟,取出后切开看看,如果里面还没熟,就要多烤一会儿。

蜂蜜黑椒烤里脊

材料

猪里脊................250 克
蜂蜜黑椒汁..........30 毫升
（做法见本书 p.13）

工具

电烤箱　烤盘　锡箔纸

做法

1. 将里脊洗净，切大片，放入盆中。
2. 加入蜂蜜黑椒汁，搅拌均匀，再放入 0℃~4℃冰箱中腌制 1 小时。
3. 将腌好的里脊放在烤盘中，推进烤箱，上下火设置为 250℃，烤制 5 分钟。
4. 取出烤盘，把里脊翻面，继续烤 5 分钟。
5. 将烤好的里脊取出装盘即可。

人气食单
最具人气烧烤
推荐指数
★★★★★

推荐理由：

猪里脊鲜嫩多汁，不仅充分吸收了酱汁的味道，还有一层诱人的脆皮。

大师支招

里脊肉切成厚片腌制，烤制出来的成品有原汁原味的鲜香。

4-1

4-2

5-1

5-2

泰酱梅肉

材料

梅肉 200克
香菜酱 30毫升
白砂糖 15克
酱油 20毫升
鱼露 20毫升
食用油 30毫升

工具

烧烤架

做法

❶ 将梅肉洗净,切片,放入盆内。
❷ 加入鱼露、酱油、香菜酱、食用油、白砂糖,用手抓匀,腌制约10分钟。
❸ 将腌好的梅肉放于烧烤架上慢慢烤熟即可。期间要刷点食用油,并翻几次面。

人气食单
最具人气烧烤
推荐指数
★★★★★

推荐理由:

肥瘦层叠相间的梅肉平铺切片,以鱼露、酱油、香菜酱腌制,让酱汁的味道慢慢沁入肉中,烤好后入口香浓,又有一丝异域风情。

· 大师支招 ·

梅肉烤至九分熟时味道最鲜美,烤的时间太长会影响口感。

这样烤,美味撩人吃到爽

1

2

3

烤猪脚

材料
猪脚..................1只
蚝油..................10毫升
辣椒粉................10克
孜然粉................10克
食用油................10毫升

工具
烧烤架

做法
① 将猪脚洗净,纵向切成两半,放在烧烤架上熏烤。
② 将食用油、辣椒粉、孜然粉、蚝油一同放入碗中,搅拌均匀成酱汁。
③ 将烤至半熟的猪脚放在碗中,均匀地涂上酱汁。
④ 将涂好酱汁的猪脚再次放在烤架上,慢慢烤至熟透即可。

人气食单
最具人气烧烤
推荐指数
★★★★★

推荐理由:
猪脚是让人爱不释手的美食之一,烤好之后散发着诱人的香味,咬一口皮酥肉嫩、筋道弹牙、香透入骨,而且一点都不油腻。

· 大师支招 ·

猪脚不宜烤得太久,烤久了皮会有股韧劲,像橡皮筋一样咬不动。

这样烤,美味撩人吃到爽

1

2

爆香烤肉饼

材料

牛肉馅 ……………… 250 克
猪肉馅 ……………… 250 克
面包糠 ……………… 200 克
鸡蛋、洋葱 ………… 各 1 个
黄油 ………………… 20 克
黑胡椒粉 …………… 适量
盐、白砂糖 ………… 各少许

工具

电烤箱　锡箔纸

做法

① 将洋葱洗净，切粒，放入碗中，加入鸡蛋、牛绞肉、猪绞肉、黑胡椒粉、盐、白砂糖、面包糠和少许清水拌匀成肉馅。
② 将黄油均匀涂抹在锡纸上，放在烤架上略烤。
③ 取适量肉馅做成肉饼，放在锡纸上。
④ 将肉饼放于烧烤架上，烤至变色时翻面，直至肉饼呈金黄色时即可。

人气食单
最具人气烧烤
推荐指数
★★★★

推荐理由：

将猪肉馅、牛肉馅、鸡蛋和洋葱混合均匀，烤制成的肉饼色泽金黄，外皮香脆而内软嫩。

· 大师支招 ·

将猪绞肉和牛绞肉按照 1：1 的比例混合，烤制出的肉饼口感更滑嫩。

这样烤，美味撩人吃到爽

烤脆皮肠

材料

脆皮肠..................20 根
蚝油....................10 毫升
辣椒粉..................5 克
孜然粉..................10 克
食用油..................5 毫升

工具

烧烤架
竹扦

做法

❶ 将孜然粉、辣椒粉、蚝油、食用油、少许清水一同放入碗中，搅拌均匀成酱汁。

❷ 用竹扦将脆皮肠穿起来，每根肠上分别斜切两刀。

❸ 将脆皮肠放于烧烤架上熏烤，待其变色后刷上酱汁、食用油，再烤至熟透即可。

人气食单
最具人气烧烤
推荐指数
★★★★★

推荐理由：

烤脆皮肠酥脆可口，香气袭人，是令人难以抗拒的美味。

· 大师支招 ·

将脆皮肠切花刀，烤制时既能均匀受热，又方便入味。

这样烤，美味撩人吃到爽

1

2

3

照烧琵琶腿

材料

鸡腿......................2个
蜂蜜......................15毫升
黑胡椒粉..................3克
照烧酱汁..................30毫升
（做法见本书p.16）
白芝麻....................15克
料酒......................15毫升

工具

电烤箱　烤盘　锡箔纸

做法

1. 将鸡腿洗净，用刀划几道刀口，放入盆内。
2. 加入蜂蜜、料酒、照烧酱汁、白芝麻、黑胡椒粉，用手抓匀，腌制约30分钟。
3. 烤箱预热至230℃，烤盘内铺入锡箔纸，放上鸡腿，推进烤箱烤制12分钟。
4. 取出装盘即可。

人气食单
最具人气烧烤
推荐指数
★★★★★

推荐理由：
琵琶腿是鸡爪与鸡大腿之间的部分，因形状像琵琶而得名。烤好的琵琶腿色泽油亮、滋味香浓，看一眼就令人食指大动。

· 大师支招 ·

鸡腿肉厚处轻划几刀，腌制时更易入味，烤制时也易熟。

这样烤，美味撩人吃到爽

红曲汁烤鸡肉

材料

鸡胸肉.................200 克
红曲料酒汁........ 100 毫升
（做法见本书 p.12）
香油 .... 适量

工具

电烤箱　烤盘　锡箔纸

做法

① 将鸡胸肉洗净，用厨房用纸吸干表面的水，剞十字花刀，放入盆内。
② 将红曲汁淋在鸡胸肉上，抹匀表面，腌制约 1 小时。
③ 将腌好的鸡肉放在烤盘中，推进烤箱，上下火设置为 250℃，烤制约 8 分钟。
④ 取出烤盘，刷上香油，继续烤 1 分钟。
⑤ 将烤好的鸡肉取出装盘即可。

推荐理由：

红曲料酒汁给鸡胸肉带来漂亮的浅红色和独特的滋味，值得一尝。

大师支招

将鸡肉刷上香油再继续烤制，不仅可以增加肉的光亮度，还可使肉嫩味香。

1

2

3

4-1

4-2

5

烤鸡肉串

材料

鸡胸肉..................500 克
青椒 .... 2 个
盐、白胡椒粉....... 各 5 克
酱油 .... 10 毫升
奥尔良腌料......... 10 毫升

工具

烧烤架　竹扦

做法

① 将鸡胸肉洗净,切成大小一致的块,放入盆内。
② 加入盐、白胡椒粉、奥尔良腌料、酱油,搅拌均匀。
③ 将青椒洗净,切圈。
④ 用竹扦将青椒和鸡胸肉穿成串。
⑤ 将肉串放于烧烤架上烤制,期间适当翻动竹扦,烤至肉熟即可。

推荐理由:

烤鸡肉串是人们钟爱的烤物之一。将鸡肉与青椒搭配起来烤,更有一种清香的味道。

大师支招

用竹扦穿鸡肉串时,肉块之间的空隙要均匀一致,以免烤好后生熟不均匀。

这样烤,美味撩人吃到爽

烤鸡胗

材料

鸡胗……………………150克
香油……………………5毫升
酱油……………………10毫升
辣椒粉、孜然粉………各少许
盐、白芝麻……………各适量
食用油…………………少许

工具

烧烤架　烧烤针

做法

❶ 将鸡胗洗净，切块，放入盆内。
❷ 加入香油、酱油、盐拌匀。
❸ 将腌制好的鸡胗用烧烤针穿好。
❹ 将穿好的鸡胗放于烧烤架上，刷上食用油，烤熟后撒上孜然粉、辣椒粉、白芝麻即可。期间要适当翻几次面。

人气食单
最具人气烧烤
推荐指数
★★★★★

推荐理由：

鸡胗经过腌制后再高温烘烤，将鸡胗的香味、炭烤的烟熏味融为一体，口感细腻，味道醇厚。

大师支招

鸡胗烤制的时间不要过长，否则肉质会变老，咬起来就会很硬。

这样烤，美味撩人吃到爽

1

2

3

4

怪味烤鸡条

人气食单
最具人气烧烤
推荐指数
★★★★

材料

鸡胸肉……………………200克
怪味烤汁…………………适量
（做法见本书 p.15）
食用油……………………适量

工具

电烤箱　烤盘　锡箔纸

做法

❶ 将鸡肉洗净，切成条，放入盆中，再加入怪味烤汁拌匀。
❷ 烤盘内铺上锡箔纸，刷上适量食用油，放上鸡条。
❸ 烤箱上下火调至250℃，放入烤盘，烤6分钟。
❹ 将烤好的鸡条取出装盘即可。

推荐理由：

把切好的鸡条用怪味汁腌好后烤制，就做成了集麻、辣、酸、甜、鲜、咸、香于一体的美味。

大师支招

鸡胸肉脂肪含量少，比较容易烤干，因此注意不要烤太久，以免水分流失，吃起来发干。

1-1

1-2

2

3

4-1

4-2

沙嗲鸡腿

材料

鸡腿 .... 175 克
沙嗲酱 .... 30 毫升
食用油 .... 适量

工具

烧烤架

做法

① 将鸡腿洗净,在上面轻划两刀,放入盆内。
② 把沙嗲酱、食用油加入盆中,与鸡腿拌匀。
③ 将腌制好的鸡腿放于烧烤架上慢慢烤熟,期间要适当翻几次面。

推荐理由:

将整只鸡腿放在烤架上烤既简单又有趣。用这种方法烤出来的鸡腿料香味足、肉嫩可口。

这样烤,美味撩人吃到爽

·大师支招·

鸡腿中含有的油分比较多,烤制时洒少许水,不仅能起到降温的作用,且不易烤焦。

1

2

金针菇鸡胸卷

材料

鸡胸肉	150 克
金针菇	50 克
白砂糖	3 克
胡椒粉	3 克
白芝麻	3 克
香油	5 毫升
辣椒粉、孜然粉	各少许
食盐、食用油	适量

工具

烧烤架　烧烤针

做法

1. 将鸡肉洗净，切薄片，放入盆内。
2. 加入白芝麻、香油、盐、胡椒粉、白砂糖拌匀。
3. 将金针菇切去根部，拆开，洗净。
4. 取鸡肉片，放上适量的金针菇，包好卷起，用烧烤针穿好。
5. 放于烧烤架上，刷上食用油，烤熟时撒上辣椒粉、孜然粉、白芝麻即可。期间要翻几次面。

人气食单
最具人气烧烤
推荐指数
★★★★

推荐理由：

很多人喜欢用鸡胸肉包裹金针菇来烤制，高温的烘烤使得金针菇滑爽脆嫩、鸡胸肉香辣可口。

大师支招

片鸡胸肉时厚薄要一致，以保证烤制时受热均匀，且较易烤熟。

这样烤，美味撩人吃到爽

秘制烤鸭腿

材料

鸭腿	2只
酱油	45毫升
料酒、蜂蜜	各15毫升
盐	5克
姜片	5片
八角、桂皮	各少许
花椒粉	少许
冰糖、葱段	各适量

推荐理由：

有些人对烤鸡腿情有独钟，其实烤鸭腿的味道也非常不错，外脆里嫩、色泽诱人。

做法

1. 将鸭腿洗净，在上面划两刀，放入盆中。
2. 加入所有调料拌匀，再放入冰箱腌制约4小时。
3. 烤箱上下火预热至230℃，烤盘内铺入锡箔纸，放上鸭腿，推进烤箱烤制12分钟。
4. 取出装盘即可。

工具

电烤箱　烤盘　锡箔纸

大师支招

鸭腿肉厚，腌制时最好在肉上轻划两刀，不仅比较容易入味，而且烤制时易熟。

这样烤，美味撩人吃到爽

1

2

3

4

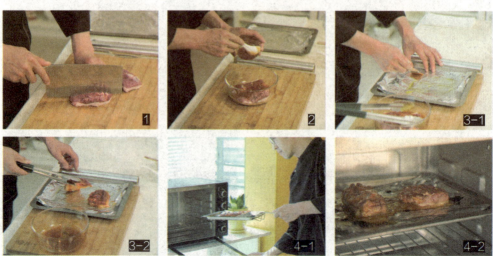

香橙叉烧酱烤鸭胸

材料

鸭胸肉..................200克
香橙叉烧酱..............适量
（做法见本书 p.17）

工具

电烤箱
烤盘
锡箔纸

做法

1. 将鸭胸肉洗净，沥干水，切渔网状花刀，放入盆中。
2. 加入香橙叉烧酱拌匀，腌制约15分钟。
3. 烤盘内铺上锡箔纸，刷食用油，放上腌好的鸭胸肉。
4. 烤箱上下火调至250℃，推入烤盘，烤约5分钟。
5. 取出烤盘，把鸭胸肉翻面，推回烤箱继续烤3分钟。
6. 将烤好的鸭胸肉取出装盘即可。

人气食单
最具人气烧烤
推荐指数
★★★★★

推荐理由：
橙子的香甜味和肉香味完美融合，鸭肉鲜嫩多汁，风味层次感强，耐人寻味。

大师支招

鸭胸肉上切渔网花刀，不仅比较容易入味，而且烤制时受热均匀，容易烤熟。

5-1

5-2

6-1

6-2

酱烤鸭脖

人气食单
最具人气烧烤
推荐指数
★★★★

推荐理由：
　　烤鸭脖是众多食客追捧的美食之一，烤好后呈诱人的棕色，皮酥肉嫩、香辣多汁。

材料

鸭脖	1根
孜然粉、花椒粉	各5克
生抽、料酒	各30毫升
蒜味烧烤酱	45毫升
葱段	15克
蒜片、姜片	各10克
蜂蜜	15毫升

工具

烧烤架

做法

❶ 将鸭脖洗净，沥干水，放入盆中，加入蒜片、葱段、姜片、孜然粉、花椒粉、料酒、生抽、烧烤酱、蜂蜜搅拌均匀，腌制30分钟。

❷ 将腌制好的鸭脖放在烧烤架上，边烤边翻几次面，待鸭脖快熟时刷上腌料汁，再烤至鸭脖熟透即可。

这样烤，美味撩人吃到爽

大师支招

　　烤鸭脖时每隔1分钟要翻一次面，以使其均匀受热，烤制出来的鸭脖才会皮色焦黄、外酥里嫩。

1

2

烤乳鸽

材料

净乳鸽	1 只
卤水	25 毫升
蜂蜜	5 毫升
柠檬汁	5 毫升
老抽	5 毫升

工具

电烤箱
烤盘
锡箔纸

做法

❶ 将乳鸽洗净，放入盆中，加入卤水、蜂蜜、柠檬汁、老抽拌匀，腌制约 4 小时。

❷ 烤盘内铺上锡箔纸，放入乳鸽，入烤箱以上下火 200℃烤 10 分钟。

❸ 取出烤盘，把乳鸽翻面，放回烤箱中继续烤 10 分钟。

❹ 将烤好的乳鸽取出装盘即可。

人气食单
最具人气烧烤
推荐指数
★★★★★

推荐理由：

乳鸽是适合烧烤的禽类之一，烤好后入口先是香脆的皮，然后是浓烈的肉香，夹杂着乳鸽肉特有的丝丝甘甜。

大师支招

1. 腌制乳鸽时加入柠檬汁可以使鸽子皮烤好后更脆。烤鸡、鸭时亦可加入。
2. 腌制乳鸽时加入蜂蜜不仅可帮助上色，还可使乳鸽的味道变得更加柔和。

香菇烤鹌鹑蛋

材料

香菇 .... 200 克
鹌鹑蛋 .... 50 克
盐 .... 适量

工具

电烤箱
烤盘
锡箔纸

做法

❶ 将香菇洗净,去蒂。
❷ 烤盘内铺上锡箔纸,香菇菌盖朝下摆入其中,再在香菇上依次打上鹌鹑蛋,撒上适量的盐。
❸ 烤箱预热至 200℃,放入烤盘,以上下火 200℃烤制约 8 分钟。
❹ 将烤好的香菇取出装盘即可。

推荐理由:

香菇的鲜美与鹌鹑蛋的醇香完美融合,仔细品一品,那种鲜香肥嫩多汁的口感挥之不去,萦绕在舌尖之上。

大师支招

香菇要选择伞比较深的,剪蒂时剪深点,留下一个小坑,这样鹌鹑蛋才不会流出来。

咖喱烤墨鱼丸

人气食单
最具人气烧烤
推荐指数
★★★★★

材料

墨鱼丸 .... 150 克
咖喱黄油酱 .... 30 毫升
（做法见本书 p.18）
蒜蓉辣椒酱 .... 5 毫升
盐 .... 适量

工具

电烤箱　烤盘　锡箔纸

做法

❶ 将墨鱼丸、咖喱黄油酱、蒜蓉辣椒酱、盐依次放入盆中，搅拌均匀。
❷ 烤盘内铺入锡箔纸，放上墨鱼丸。
❸ 烤箱上下火调至200℃，推进烤盘，烤制约8分钟。
❹ 将烤好的墨鱼丸取出装盘即可。

推荐理由：

墨鱼丸富有弹性、入口爽脆、味道鲜美，加入风味浓郁的咖喱黄油酱和蒜蓉辣椒酱烤制，变得色泽姜黄、鲜香适口。

大师支招

烤制墨鱼丸的时间和火候要灵活掌握，以烤好后墨鱼丸口感软滑为宜。

这样烤，美味撩人吃到爽

1-1

1-2

1-3

1-4

2

3

4

麻辣烤平鱼

材料

- 平鱼 .... 200 克
- 柠檬 .... 1 个（取汁）
- 姜片 .... 10 克
- 辣椒粉 .... 10 克
- 花椒粉 .... 10 克
- 盐 .... 少许
- 橄榄油 .... 10 毫升

做法

1. 将平鱼洗净，切渔网花刀，放入盆内。
2. 在鱼身上均匀地抹上盐，挤上柠檬汁，放上姜片，腌制约10分钟。
3. 将花椒粉、辣椒粉均匀地撒在鱼身上。
4. 烤盘内铺上锡箔纸，放上平鱼，鱼身上刷一层橄榄油。
5. 烤箱预热至230℃，放入烤盘，以上下火230℃烤制10分钟。
6. 取出装盘，即可食用。

推荐理由：

烤平鱼是人们钟爱的烤物之一，鱼肉麻而不木、辣而不火、油而不腻、香美鲜嫩，令人回味无穷。

工具

电烤箱　烤盘　锡箔纸

大师支招

烤鱼前腌制时加入柠檬汁，不仅能有效去除鱼的腥味，还能使肉质更鲜嫩。

这样烤，美味撩人吃到爽

香烤巴沙鱼

材料

巴沙鱼肉 .... 200 克
香芹粒 .... 50 克
罗勒叶 .... 3 克
蒜碎 .... 10 克
黑胡椒粉 .... 5 克
奶酪粉 .... 5 克
番茄酱 .... 10 毫升

推荐理由：

巴沙鱼肉质鲜嫩、无骨无刺，非常适合用来烧烤。香芹、罗勒叶、黑胡椒粉等更激发出了鱼肉的香气，使整道菜清新爽口、回味甘香。

工具

电烤箱　　烤盘　　锡箔纸

做法

① 将巴沙鱼肉洗净，切块，放入盆中。
② 加入香芹粒、蒜碎、罗勒叶、黑胡椒粉、番茄酱和少许清水，搅拌均匀。
③ 烤盘内铺上锡箔纸，放上巴沙鱼，再撒上奶酪粉。
④ 烤箱预热至200℃，推进烤盘，以上下火200℃烤制约10分钟。
⑤ 取出装盘，即可食用。

大师支招

巴沙鱼也可用荷叶包起来烤，味道会更清新、鲜嫩。

三文鱼卷

材料

三文鱼 .... 150 克
菜心 .... 100 克
芥末酱 .... 5 毫升
生抽 .... 10 毫升
盐、黑胡椒粉 .... 各少许

工具

电烤箱　烤盘　锡箔纸

做法

① 将菜心洗净，切小朵。
② 将三文鱼洗净，切成薄片。
③ 用三文鱼片将菜心逐份卷起来，放在烤盘上。
④ 将芥末酱、生抽、盐、黑胡椒粉搅拌均匀成酱汁，淋在三文鱼卷上。
⑤ 烤箱上下火调至200℃，放入烤盘，烤6分钟。
⑥ 将烤好的三文鱼卷取出装盘即可。

这样烤，美味撩人吃到爽

人气食单
最具人气烧烤
推荐指数
★★★★★

推荐理由：

新鲜的三文鱼片包卷着清脆爽口的菜心，一口下去其特有的味道在齿颊间流淌，令人食之难忘。

· 大师支招 ·

三文鱼不要烤至熟透，只需烤至八分熟即可，这样既能保持三文鱼肉的鲜嫩，还可去除鱼腥味。

圣女果龙利鱼

材料

龙利鱼		1条
圣女果		6个
柠檬		半个
料酒		15毫升
盐		适量
生抽		10毫升
黑胡椒粉		适量
香葱段		少量

工具

电烤箱　烤盘　锡箔纸

做法

1. 将龙利鱼洗净，背部轻划两刀，放入盆中，再加入圣女果、香葱段、柠檬块、生抽、料酒、盐、黑胡椒粉拌匀。
2. 烤盘内铺上锡箔纸，放上龙利鱼。
3. 烤箱上下火调至250℃，放入烤盘，烤8分钟。
4. 取出装盘，即可食用。

人气食单
最具人气烧烤
推荐指数
★★★★

推荐理由：

一整条的龙利鱼调味后烤熟，入口细腻，一抿即化，再配上圣女果，不仅十分诱人，还保留了天然的鲜味。

这样烤，美味撩人吃到爽

· 大师支招 ·

最好在龙利鱼上轻划两刀，不仅比较容易入味，而且烤制时受热均匀，容易烤熟。

烤鱼排

材料

龙利鱼......................2条
法香碎、蒜末..........各适量
盐、黑胡椒粉..........各适量
面粉、面包糠..........各适量
橄榄油、蛋液..........各适量

工具

电烤箱　烤盘　锡箔纸

做法

❶ 将龙利鱼洗净，去皮，切段，放入盆中。
❷ 加入蛋液、盐、法香碎、蒜末、黑胡椒粉、面粉、橄榄油，搅拌均匀，腌制入味。
❸ 将龙利鱼均匀地裹上面包糠。
❹ 烤盘内铺上锡箔纸，放入鱼排，入烤箱以上下火250℃烤8分钟。
❺ 将烤好的鱼排取出装盘即可。

推荐理由：

这道菜以龙利鱼为主要材料，配以法香碎、蛋液、黑胡椒粉等，经高温烤制而成，鱼排金黄酥脆、肉质绵软。

大师支招

鱼肉一定要用蛋液和面粉调成的糊挂浆，才能保持肉质的鲜嫩。

罗勒菠萝烤黄鱼

材料

黄鱼 .... 1 条
菠萝片 .... 适量
罗勒叶 .... 5 克
盐 .... 5 克
生抽、料酒 .... 各 5 毫升
白胡椒粉 .... 适量
橄榄油、姜片 ...... 各适量

工具

电烤箱　烤盘　锡箔纸

做法

1. 将黄鱼去鳞、内脏，洗净，从鱼腹向鱼背剖半开（不切断），鱼背上横向浅划几刀，放入盆中。
2. 加入姜片、盐、罗勒叶、白胡椒粉、料酒、生抽，搅拌均匀，腌制约 1 小时。
3. 烤盘内铺上锡箔纸，摆好菠萝，再刷少许橄榄油，接着把腌好的鱼平放在菠萝上，然后在鱼背上刷适量橄榄油。
4. 烤箱上下火调至 230℃，放入烤盘，烤 10 分钟。
5. 取出装盘，即可食用。

人气食单
最具人气烧烤
推荐指数
★★★★

推荐理由：
菠萝略带爽脆，黄花鱼肉口感绵软，咀嚼间能品出食材的原汁原味。

这样烤，美味撩人吃到爽

大师支招

腌制黄鱼的时间约为 1 小时，烤制时会更易入味。腌制时间可以根据鱼的大小而灵活掌握，但是最少也要腌够 30 分钟。

墨西哥辣酱烤金鲳鱼

材料

金鲳鱼 1条
墨西哥辣酱 .... 适量
（做法见本书 p.20）

工具

电烤箱　烤盘　锡箔纸

推荐理由：

金鲳鱼烘烤后鱼皮酥脆、鱼肉鲜嫩多汁。只需简单地用辣椒酱调味，鱼肉就非常香辣鲜美。

大师支招

1. 金鲳鱼身上切渔网花刀是为了更好地入味，并使受热均匀，烤制出的成品也美观。
2. 烤鱼时鱼尾先熟，再继续烤就会烤焦变煳，甚至从鱼身掉落，用锡纸包住鱼尾烤制，可以保持鱼身的完整。

做法

1. 将金鲳鱼洗净，鱼身两面分别剞渔网花刀，放入盘中。
2. 在鱼腹和鱼身上分别加入墨西哥辣酱，腌制片刻。
3. 烤盘内铺上锡箔纸，刷上适量食用油，放上腌好的金鲳鱼，再用锡箔纸盖住鱼尾。
4. 烤箱上下火调至230℃，推入烤盘，烤约10分钟。
5. 将烤好的金鲳鱼取出装盘即可。

1

2-1

2-2

3

4

5

1

2

芝士烤虾

材料

虾	300 克
尖椒	1 个
洋葱	小半个
蒜	4 瓣
芝士	50 克
盐、食用油	各适量

工具

电烤箱　烤盘　锡箔纸

做法

❶ 将虾洗净，背部用刀剖开，取出虾线，放入盆中。

❷ 将洋葱洗净，切块；尖椒洗净，切段；蒜洗净，切粒。洋葱、尖椒、蒜、盐和虾搅拌均匀。

❸ 烤盘内铺入锡箔纸，刷上一层油，放上腌制好的虾，再刷适量的食用油，撒上芝士。

❹ 将烤箱预热至230℃，推入烤盘，以上下火230℃烤约8分钟即可食用。

人气食单
最具人气烧烤
推荐指数
★★★★★

推荐理由：

每一只大虾都被香浓的芝士厚厚地包裹着，一口咬下去鲜嫩多汁，让人无法抗拒这美妙的口感！

大师支招

虾线一定要挑断，不然烤的时候虾身容易变弯曲。

这样烤，美味撩人吃到爽

风味小烤鱼

材料

耗儿鱼..................200 克
生菜......................50 克
柠檬..........1 个（取汁）
盐..........................少许
十三香....................5 克
辣椒油................15 毫升

工具

烧烤架

做法

① 将耗儿鱼去皮、内脏，洗净，放入盆中。
② 依次加入柠檬汁、盐、十三香、辣椒油，搅拌均匀，腌制约 20 分钟。
③ 将耗儿鱼放在烧烤架上，烤至两面金黄。
④ 将烤好的耗儿鱼装盘，刷上适量的辣椒油，并用生菜点缀即可。

推荐理由：

耗儿鱼经过腌制、烘烤后外皮酥香、肉质鲜嫩，混合着柠檬的味道，又增添了奇妙的口感。

大师支招

烤鱼时不能总去翻动，否则容易使鱼肉散掉，可等鱼快要烤熟时再翻。

这样烤，美味撩人吃到爽

人气食单
最具人气烧烤
推荐指数
★★★★

推荐理由：

烤皮皮虾非常鲜美，不待剥皮，轻轻一嘬，便将膏脂全部吸入口中，越嚼越香。

炭烤皮皮虾

材料

皮皮虾	2 只
葱片	5 克
姜片	5 克
蒜片	3 克
烧烤酱	10 毫升
酱油、料酒	各 5 毫升
花椒粉	3 克
蜂蜜	5 毫升
孜然粉	10 克
食用油	适量

工具

烧烤架

做法

❶ 将皮皮虾洗净，沥干水，放入盆内，再加入除食用油外所有调料拌匀。

❷ 将皮皮虾放于烧烤架上烤约3分钟，虾皮变色后逐一翻面，待虾肉将熟时淋上食用油和腌皮皮虾的料汁，再烤至虾肉熟透即可。

· 大师支招 ·

皮皮虾以颜色青绿、捏在手里手感饱满的为好。挑选时可以看一下皮皮虾的肚皮，被撑开了的就比较肥；再用手捏捏，稍微硬点的更新鲜和饱满。

这样烤，美味撩人吃到爽

1

2

串烧海螺肉

材料

海螺肉...................250 克
芦笋.......................80 克
南瓜.....................200 克
盐..........................3 克
橄榄油................15 毫升

工具

烧烤架
烧烤针

做法

1. 将海螺肉切小块,放入盆中,加入清水、盐洗净。
2. 将南瓜去皮、切块,芦笋洗净、切段,均放入盆中,再加入盐、橄榄油抓匀。
3. 用烧烤针将海螺肉、芦笋、南瓜穿起来。
4. 将穿好的串放在烤架上烤 2~3 分钟,期间适当翻动烧烤针,烤熟即可。

人气食单
最具人气烧烤
推荐指数
★★★★★

推荐理由:

海螺肉丰腴细腻,其独特质感更是令人难忘。经高温烤制后各种食材的味道充分融合,美味无比。

— 大师支招 —

海螺肉加入盐搓洗可以去掉黏液,烤制出来的味道会更好。

烤鲍鱼

人气食单
最具人气烧烤
推荐指数
★★★★★

这样烤，美味撩人吃到爽

推荐理由：

鲍鱼肉在炭火上烤制，原香之外又添了几分烟香，咬一口鲜而不腻，回味无穷。

材料

10头鲍鱼 4只
海盐 3克
冰块、芭蕉叶、食用油 .... 各适量

工具

烧烤架

做法

① 将鲍鱼肉从壳中取出，去内脏，清洗干净，切渔网花刀。鲍鱼壳刷洗干净，放在盛有冰块并铺了芭蕉叶的碗中，鲍鱼肉放回壳中。

② 把鲍鱼放于烤架上烘烤，刷上食用油，撒上海盐，烤熟即可。

· 大师支招 ·

在鲍鱼肉上轻划两刀，不仅容易入味，而且烤制时受热均匀，容易烤熟。

嗯汁烤生蚝

人气食单
最具人气烧烤
推荐指数
★★★★★

推荐理由：

细嫩的生蚝肉在高温下逐渐由白皙变成金黄，而酱汁的味道亦深深渗入到了生蚝肉中，真是香气逼人、鲜美甜嫩！

材料

生蚝 ……………………… 4只
嗯汁 ……………………… 适量
海盐 ……………………… 少许
冰块、芭蕉叶、食用油 …各适量

工具

烧烤架

做法

❶ 将生蚝带壳清洗干净，用嗯汁腌制约5分钟，放入盛有冰块的碗中。

❷ 把生蚝放于烧烤架上烤制，刷食用油，撒海盐，烤熟即可。

这样烤，美味撩人吃到爽

· 大师支招 ·

生蚝的烤制时间不要过长，否则肉质会太老，口感不好。

1-1	1-2
2-1	2-2

柠檬味汁烤八爪鱼

材料

八爪鱼..................6个
美人椒..................适量
柠檬味汁................适量
（做法见 p.21）
食用油..................适量

工具

电烤箱　烤盘　锡箔纸

做法

❶ 将八爪鱼洗净，去头；美人椒洗净，切段，依次放入盆中。
❷ 加入柠檬味汁，搅拌均匀，腌制约1小时。
❸ 烤盘内铺上锡箔纸，刷上适量食用油，放上腌好的八爪鱼。
❹ 烤箱上下火调至230℃，推入烤盘，烤约8分钟。
❺ 将烤好的八爪鱼取出装盘即可。

人气食单
最具人气烧烤
推荐指数
★★★★★

推荐理由：
八爪鱼肉质肥厚，以柠檬汁腌制后再烤熟，口感爽脆、韧劲十足。

·大师支招·

烤八爪鱼的时间不要过长，否则影响八爪鱼爽脆的口感。

泰式辣酱鱿鱼

材料

鱿鱼 .... 400 克
柠檬叶 .... 5 克
白砂糖 .... 45 克
沙嗲酱 .... 35 毫升
香菜酱 .... 15 毫升
鱼露 .... 30 毫升
食用油 .... 适量

工具

烧烤架

做法

❶ 将鱿鱼清洗干净，切块，放入盆中。
❷ 将柠檬叶、沙嗲酱、香菜酱、鱼露、白砂糖、食用油也依次放入盆中，搅拌均匀，腌制约 1 小时。
❸ 将腌制好的鱿鱼放在芭蕉叶上，再放于烧烤架上烤熟即可。期间要适当翻几次面。

推荐理由：

质量上乘的鱿鱼经烘烤后嚼劲十足、柔嫩爽口。将鱿鱼配以柠檬叶、沙嗲酱、香菜酱烤制，风味十分独特。

大师支招

鱿鱼在制作过程中不易入味，最好腌得久一些，味道会更好。

1

2

香茅明虾

材料

明虾 .... 4 只
香茅 .... 160 克
鱼露 .... 5 毫升
蒜蓉 .... 65 克
白糖 .... 25 克
盐 .... 10 克

工具

烧烤架

做法

❶ 将香茅洗净,切末,放入碗中,再加入鱼露、盐、白糖、蒜蓉搅拌均匀,即成酱汁。
❷ 将明虾清洗干净,脊背改刀。
❸ 将明虾放入酱汁中腌制入味,取出沥干,再放于烧烤架上烤熟即可。期间要适当翻面。

推荐理由:

香茅有一种类似于柠檬的清香气味。明虾用香茅等调味并经过炭火的烘烤后,入口鲜甜,清新舒畅。

大师支招

也可将明虾用锡箔纸包好,放入烤箱烤制,口感也很好。

3-1

3-2

1-1

1-2

烤草鱼

材料

草鱼	1条
蒜蓉辣酱	100毫升
辣椒粉	5克
孜然粉	5克
盐、白砂糖	各少许
食用油	适量
白胡椒粉	适量

工具

烧烤架

做法

① 将草鱼收拾干净,在鱼身上横切几刀,放在烧烤架上熏烤。

② 待草鱼烤至九分熟时,在鱼身两面均匀地刷上蒜蓉辣酱、食用油,再撒上盐、白砂糖、白胡椒粉、孜然粉、辣椒粉,略烤即可。

人气食单
最具人气烧烤
推荐指数
★★★★

推荐理由:

草鱼是特别适合烤制的食材之一。烤制后的草鱼外皮香脆、肉质软嫩,味腴而鲜美。

这样烤,美味撩人吃到爽

· 大师支招 ·

烤草鱼时刷上蒜蓉辣酱,既可以减少鱼的腥味,还可以使口感更嫩滑。

2-1

2-2

人气食单

最具人气烧烤

推荐指数 ★★★★

推荐理由:

罗非鱼肉味鲜美、肉质细嫩,非常适宜烧烤,用参巴酱、辣椒酱、孜然粉调味烤制后鲜嫩爽口,余味无穷。

烤罗非鱼

材料

罗非鱼......................1 条
叁巴酱..................100 毫升
辣椒粉......................5 克
孜然粉......................5 克
盐、白砂糖、白胡椒粉....各少许
食用油......................适量

工具

烧烤架

做法

❶ 将罗非鱼收拾干净,在鱼身上斜切几刀,放在烧烤架上熏烤。

❷ 待罗非鱼烤至九分熟,在鱼身两面均匀地刷上叁巴酱、食用油,再撒上盐、白砂糖、白胡椒粉、孜然粉、辣椒粉,略烤即可。

•大师支招•

在罗非鱼身上斜切几刀可以帮助入味,但是不要切得过于密集,否则鱼肉易散,影响美观。

小贴士:叁巴酱也叫三巴酱,是一种马来西亚风味调味品,可以在超市或网店买到。

这样烤,美味撩人吃到爽

1

2

一缕芬芳在舌尖四溢·果蔬烧烤

果蔬类是最容易吃上瘾的烧烤食物之一，烤后皱皱的叶子、诱人的烤痕、漂亮的颜色，总是让它们十分抢眼。

· 大师支招 ·

1. 切好的红薯片放入清水中浸泡，可去除红薯中的淀粉，这样烤出来的红薯更脆。
2. 红薯片烤至中途要取出翻面，待烤到表皮略干时就可以了，这样比较有嚼劲。

秘制烤红薯片

材料

红薯......................200 克
白芝麻....................8 克
蜂蜜......................15 毫升
食用油....................适量

工具

电烤箱
烤盘
锡箔纸

推荐理由：

这是一款简单又省时的烤菜。

红薯片与蜂蜜搭配烤制后绵软甘甜，

尝一口，朴实的满足感油然而生。

做法

❶ 将红薯洗净，切成厚 0.5 厘米的片，放入盆中，加清水略洗，捞出沥干。
❷ 烤箱设置 230℃ 预热，烤盘内铺上锡箔纸，刷上适量食用油，放上红薯片。
❸ 放入预热好的烤箱中，以上下火 230℃ 烤制 5 分钟。
❹ 拿出烤盘，刷上蜂蜜，撒上白芝麻，刷一点食用油，继续烤 5 分钟即可。

奶酪烤鲜笋

材料

鲜竹笋..................150 克
黑胡椒粉..............10 克
奶酪粉..................20 克

工具

电烤箱　烤盘　锡箔纸

做法

① 将竹笋去根、皮，切块，放入盆中。
② 加入黑胡椒粉、奶酪粉，搅拌均匀。
③ 烤盘内铺入锡箔纸，放入竹笋。
④ 电烤箱预热至 230℃，推入烤盘，烤约 10 分钟即可。

推荐理由：

烤竹笋的美味只有吃过才知道。用盾纯的奶酪粉，加上少许提味的黑胡椒粉，可激发出竹笋的清新滋味。

· 大师支招 ·

可以根据鲜笋的粗细及所要烤的量来灵活调整烤制时间。

这样烤，美味撩人吃到爽

烤鲜芦笋

材料

鲜芦笋……………200 克
盐…………………5 克
蒜碎………………适量
橄榄油……………8 毫升

工具

电烤箱　烤盘　锡箔纸

做法

1. 将芦笋洗净，切段，放入盆中。
2. 加入蒜碎、盐、橄榄油，搅拌均匀。
3. 烤盘内铺入锡箔纸，放入芦笋。
4. 烤箱上下火调至230℃，推入烤盘，烤6分钟。
5. 将烤好的芦笋取出装盘即可。

推荐理由：

与其他烹饪方式相比，烧烤可以让芦笋更鲜嫩美味。烤好的芦笋色泽翠绿，柔韧多汁。

大师支招

1. 芦笋带有涩味，加蒜腌制可以去除这种涩味。
2. 挑选芦笋以新鲜、结实，带有紧密的笋梢和柔嫩的绿色部分，全株形状直，笋花苞繁密，表皮鲜亮不萎缩，质地细嫩者为最佳。

这样烤，美味撩人吃到爽

烤娃娃菜

材料
娃娃菜..................1棵
黑胡椒粉、盐..........各适量
食用油..................适量

工具
电烤箱
烤盘
锡箔纸

做法
① 将娃娃菜洗净，竖切为8等份。烤盘内铺入锡箔纸，刷上适量食用油，放入娃娃菜。
② 将盐、黑胡椒粉、食用油混合成酱汁，均匀地刷到娃娃菜上。
③ 烤箱上下火调至230℃，推入烤盘，烤6分钟。
④ 将烤好的娃娃菜取出装盘即可。

人气食单
最具人气烧烤
推荐指数 ★★★★

推荐理由：
烤娃娃菜在烧烤圈内颇受欢迎。烤熟的娃娃菜清脆鲜嫩，味道独特，带着胡椒的香气。

大师支招

娃娃菜烤制时间不宜太长，否则会流失过多水分，影响其清香甜嫩的口感。

这样烤，美味撩人吃到爽

奶油浓汁西蓝花

1-1　1-2
2-1　2-2

材料

西蓝花..................100 克
奶油浓汁..................适量
（做法见本书 p.14）
玉米油......................适量

工具

电烤箱　烤盘　锡箔纸

做法

1. 将西蓝花切小朵，清洗干净后沥干，放入盆中。
2. 加入奶油浓汁，用手抓匀。
3. 烤盘内铺上锡箔纸，刷上一层玉米油，再放上西蓝花，推进烤箱，上下火温度调至 230℃，烤制约 8 分钟。
4. 将烤好的西蓝花取出装盘即可。

人气食单
最具人气烧烤
推荐指数
★★★★

推荐理由：

西蓝花非常适合烧烤，经过烤制后能很好地释放其清甜滋味，更加鲜嫩多汁。

大师支招

西蓝花也可先放在锅中略焯烫，待其开始变软后再放入烤盘中烤制。

3-1

3-2

4-1

4-2

芝士烤口蘑

材料

鲜口蘑.................. 10 个
黄油、玉米粒........各适量
马苏里拉芝士.......... 适量

工具

电烤箱　烤盘　锡箔纸

做法

① 将口蘑洗净晾干，去蒂，顶部切十字花刀。
② 烤盘内铺入锡箔纸，刷上黄油，均匀地摆上口蘑。
③ 烤箱上下火调至250℃预热，推入烤盘，烤8分钟。
④ 拿出烤盘，将烤出的汁水倒掉，撒上马苏里拉芝士、玉米粒，再放回烤箱中，以上下火230℃烤8分钟即可。

人气食单
最具人气烧烤
推荐指数
★★★★★

推荐理由：

口蘑经过烘烤后口感鲜嫩，浓郁的芝士味渗透到口蘑中，一口咬下去鲜汁在口腔里打转，不经意间吃到几颗玉米粒，更增加了一份清甜。

大师支招

如果嫌烤制麻烦，也可将口蘑放在平底锅里煎，味道同样很鲜美，不过时间要稍微短一点。

1

2

3

4-1

4-2

这样烤，美味撩人吃到爽

烤胡萝卜

人气食单
最具人气烧烤
推荐指数
★★★★★

这样烤，美味撩人吃到爽

材料

迷你胡萝卜..............8 根
盐......................5 克
橄榄油............... 15 毫升

工具

电烤箱　烤盘　锡箔纸

做法

❶ 将胡萝卜去皮，用清水洗净后沥干，放入盆中。
❷ 加入盐、橄榄油，用手抓匀。
❸ 烤箱上下火调至230℃预热好。烤盘内铺入锡箔纸，放入胡萝卜，推进烤箱烤制8分钟。
❹ 将烤好的胡萝卜取出装盘即可。

推荐理由：

素有"小人参"之称的胡萝卜质脆味美、芳香甘甜，经过高温烘烤后外皮微微焦皱，入口更加绵软香甜，少许盐的咸味激发出了胡萝卜本身清冽甘甜的味道。

大师支招

胡萝卜中含有大量的β-胡萝卜素，进入人体后在油脂的帮助下可以转化成维生素A，能有效地提高身体的免疫力。胡萝卜加入适量橄榄油腌制，能更好地促进人体对胡萝卜素的吸收。

烤四季豆

材料

四季豆 .... 500 克
黑芝麻、孜然粉 .... 各适量
蒜蓉辣酱 .... 适量
辣椒粉、橄榄油 .... 各适量

工具

电烤箱
烤盘
锡箔纸

做法

❶ 将四季豆择去两端和老筋，清洗干净，掰成两段，放入盆中，再调入黑芝麻、孜然粉、辣椒粉、橄榄油、蒜蓉辣酱，搅拌均匀。
❷ 烤盘内铺入锡箔纸，放入四季豆。
❸ 烤箱上下火调至230℃预热好，推入烤盘，烤13～15分钟即可。

人气食单
最具人气烧烤
推荐指数
★★★★

推荐理由：

烤四季豆是人们钟爱的烧烤食物之一，虽做法简单，但味道却很好。

烤好的四季豆外焦里嫩、清新爽口。

大师支招

四季豆烤制时间要达到13～15分钟，确保熟透才可食用，否则可能会引起中毒。

这样烤，美味撩人吃到爽

1

2

迷迭香烤南瓜

材料

南瓜 .... 小半个
橄榄油 15毫升
盐、胡椒粉 .... 各适量
迷迭香、香菜碎 .... 各适量

工具

电烤箱
烤盘
锡箔纸

做法

1. 将南瓜去皮、瓢，切块，放入盆中。
2. 加入迷迭香、胡椒粉、盐、橄榄油、香菜碎，搅拌均匀。
3. 烤盘内铺入锡箔纸，放入南瓜。
4. 烤箱上下火调至230℃预热好，推入烤盘，烤约15分钟即可。

人气食单
最具人气烧烤
推荐指数
★★★★

推荐理由：

硬脆的南瓜烤制后逐渐软化，直到最后变得香绵可口、入口即化，加入的迷迭香更可衬托出南瓜香甜的本味。

· 大师支招 ·

烤南瓜时切记不要放太多油，以免吃起来过于油腻。

这样烤，美味撩人吃到爽

鲜烤杏鲍菇

材料

杏鲍菇	5个
盐	2克
白芝麻	5克
食用油	10毫升
蚝油	10毫升

工具

电烤箱　烤盘　锡箔纸

做法

1. 将杏鲍菇洗净,切成厚0.5厘米的片,放入盆内。
2. 把盐、白芝麻、蚝油、食用油依次加入盆中,搅拌均匀。
3. 烤盘内铺入锡箔纸,放入杏鲍菇。
4. 烤箱开上下火预热至250℃,推入烤盘,烤制约10分钟。
5. 将烤好的杏鲍菇取出装盘即可。

人气食单
最具人气烧烤
推荐指数
★★★★

推荐理由:
杏鲍菇很特别,虽然是菌类却兼有海鲜和肉的口感与味道,经过高温烘烤后口感鲜嫩、味道清香。

· 大师支招 ·
杏鲍菇腌制时间越长越入味,腌好后放在冰箱里,随时想吃随时都可以取出来煎烤。

这样烤,美味撩人吃到爽

1

2

3

4

5

盐烤秋葵

材料

秋葵 .... 12 根
粗盐 .... 15 克
生抽 .... 少量
橄榄油 .... 15 毫升
黑胡椒粉 .... 适量

工具

电烤箱　烤盘　锡箔纸

做法

❶ 将秋葵洗净，沥干，去蒂，放入盆内。
❷ 将橄榄油均匀地涂抹在秋葵上，撒上黑胡椒粉拌匀。
❸ 烤盘内铺入锡箔纸，放入粗盐，把秋葵平摊在粗盐上。
❹ 烤箱预热至230℃，放入烤盘，以上下火230℃烤约8分钟，将烤好的秋葵取出装盘即可。

人气食单
最具人气烧烤
推荐指数
★★★★

推荐理由：

这道菜极大程度地保留了秋葵原汁原味的清香，烤得蔫蔫的秋葵吃起来口感特别好。

大师支招

烤秋葵使用粗盐，不仅能吸掉秋葵多余的汁水，还能带给秋葵淡淡的咸味，同时还具有让其均匀受热的作用。

这样烤，美味撩人吃到爽

1

2

3

烤嫩豆腐

材料

嫩豆腐	1盒
蒜粒	8颗
青尖椒圈	10克
红尖椒圈	10克
酱油	10毫升
孜然粉	5克
辣椒粉	3克
黑胡椒粉	1克
白胡椒粉	1克
盐	5克
葱末	少许
食用油	5毫升
香葱花	适量

工具

电烤箱
烤盘
锡箔纸

人气食单
最具人气烧烤
推荐指数 ★★★★

推荐理由：
嫩豆腐吸收了调味汁特有的味道，口感鲜嫩爽滑，滋味麻辣可口。

做法

❶ 将除豆腐、食用油、香葱花外所有材料放入盆中，搅拌均匀成酱汁，放入冰箱冷藏约1小时。
❷ 将嫩豆腐切成块。
❸ 烤盘内铺入锡箔纸，刷上食用油，放入嫩豆腐。
❹ 将酱汁均匀地刷在嫩豆腐上。
❺ 烤箱上下火调至230℃预热，推入烤盘，烤8分钟。
❻ 将烤好的豆腐取出，撒上香葱花，装盘即可。

· 大师支招 ·

1. 可以将豆腐烤至表皮有点微焦，既好看又不容易碎。
2. 烤好的豆腐上撒上葱花，不仅美观，还可以增香。

这样烤，美味撩人吃到爽

4

5

6

烤紫菜

材料

无沙的紫菜..............20 克
白芝麻....................15 克
香油......................15 毫升
食用油....................适量

工具

电烤箱　　烤盘　　锡箔纸

做法

① 将紫菜撕成块，放入盆中，加入白芝麻、香油搅拌均匀。
② 烤盘内铺入锡箔纸，刷上食用油，放入紫菜。
③ 烤箱上下火调至200℃预热好，推入烤盘，烤6分钟。
④ 将烤好的紫菜装盘即可。

人气食单
最具人气烧烤
推荐指数 ★★★★★

推荐理由：

鲜美诱人、香脆可口的烤紫菜，是一种极好的咸味零食，让人一吃就停不下来。

大师支招

1. 烤盘上油不要刷太多，不然紫菜吃起来会有些油腻。
2. 烤紫菜的时候烤箱温度不要调太高，以防烤焦。

这样烤，美味撩人吃到爽

黑椒烤豇豆

人气食单
最具人气烧烤
推荐指数
★★★★★

材料

豇豆..................200克
黑胡椒粉...............10克
盐....................少许
橄榄油................5毫升

工具

烧烤架　竹扦

做法

① 将豇豆洗净，用浸泡过的竹扦穿起来。
② 将穿好的豇豆放入盆中，刷上橄榄油，撒上黑胡椒粉、盐，然后重复一次刷油、撒调料的操作。
③ 把豇豆放于烧烤架上烤约6分钟即可。

推荐理由：

黑胡椒与豇豆可谓是绝妙的组合，烤制后的豇豆外焦里糯，黑胡椒则增加了味道的层次。

· 大师支招 ·

豇豆一定要烤至熟透后再食用，以免引起中毒。

这样烤，美味撩人吃到爽

素烤茭白

材料

茭白......................300 克
鲜奶油..................30 毫升
盐..........................少许

工具

烧烤架　烧烤针

做法

① 将茭白去皮，洗净后沥干，切成厚 0.5 厘米的片。
② 用烧烤针把茭白穿好，放于烧烤架上烤 2～3 分钟，期间要翻几次面。
③ 把烤至半熟的茭白取出放入盆中，均匀地涂上鲜奶油和盐，再放在烤架上慢慢烤熟即可。

推荐理由：

这是一道做法简单却很美味的烤菜。茭白自身没有味道，奶油的加入使得茭白更脆嫩爽口。

大师支招

新鲜的茭白口感爽脆，较易烤熟，烧烤时间需视茭白的大小、多少而定，不要烤得过久。

香烤大蒜

材料

独头蒜..................100 克
黑胡椒粉................5 克
干迷迭香粉..............5 克
橄榄油..................15 毫升
盐......................2 克

工具

烧烤架　竹扦

做法

① 将大蒜去皮，洗净，切成两半。
② 将大蒜用烧烤针穿起来，放于烧烤架上烤制，期间要翻几次面。
③ 将迷迭香、黑胡椒粉、盐、橄榄油一并放入盆中，搅拌均匀成酱汁。
④ 待大蒜烤至变色时刷上酱汁，再慢慢烤熟即可。

人气食单
最具人气烧烤
推荐指数
★★★★

这样烤，美味撩人吃到爽

推荐理由：

整头大蒜与黑胡椒粉、迷迭香、橄榄油一同进行烤制，入口绵软糯香、回味甘甜，极受欢迎。

· 大师支招 ·

宜选用新鲜多汁的大蒜来烤，烤好后口感紧密、味道鲜甜。

烤香干

材料

香干.....................150 克
辣椒粉...................5 克
孜然粉...................10 克
蒜蓉辣椒酱...............5 克
食用油...................适量

工具

烧烤架
烧烤针

做法

❶ 将香干用烧烤针穿起来，放于烧烤架上烤制，期间适当翻几次面。
❷ 将食用油、孜然粉、辣椒粉、蒜蓉辣椒酱依次放入盆中，搅拌均匀成酱汁。
❸ 待香干烤至半熟时均匀地涂上酱汁，再慢慢烤熟即可。

人气食单
最具人气烧烤
推荐指数
★★★★

推荐理由：

很少有人会不喜欢烤香干。香干经过高温的烘烤，吸收了炭火的气味，滋味麻辣鲜香，口感香酥软嫩。

大师支招

香干比较干，因此在烤制过程中要勤刷油，以保持其水分和营养成分不流失。

3-1

3-2

这样烤，美味撩人吃到爽

黄油紫薯

材料

紫薯.....................1个
酱油.....................少许
黄油、食用油.........各适量

工具

烧烤架
烧烤网夹

做法

❶ 将紫薯洗净，去皮，切成厚0.5厘米的片。
❷ 将紫薯放入烧烤网夹内，再置于烧烤架上，烤7～8分钟。
❸ 在紫薯上均匀地刷上食用油，涂上黄油，慢慢烤熟，期间适当翻几次面。
❹ 将烤好的紫薯取出装盘，淋上酱油即可。

人气食单
最具人气烧烤
推荐指数
★★★★★

推荐理由：

烧烤盛宴中如果没有软糯香甜的黄油紫薯，一定会黯然失色。

大师支招

烤紫薯时抹上黄油，可防止其太干燥而烤焦。

这样烤，美味撩人吃到爽

香菜酱香菇

材料

香菇....................100 克
香菜酱..................50 毫升
橄榄油..................50 毫升

工具

烧烤架
烧烤针

做法

❶ 将香菇洗净，去蒂，顶部切十字花刀。
❷ 将香菇放入盆中，加入香菜酱、橄榄油，搅拌均匀。
❸ 将香菇用烧烤针穿好，放于烧烤架上慢慢烤熟即可。期间要适当翻几次面。

推荐理由：

烤香菇能充分地吸收调味汁和炭火的味道，既多汁又香浓，口中鲜香滋味久久不散。

・大师支招・

要选用肉厚的新鲜香菇来烤，肉薄的不适合用来烤制，因为烤完后会变得更薄，口感不好。

3-1

3-2

香菜卷

人气食单
最具人气烧烤
推荐指数
★★★★

推荐理由：

酥脆的豆皮包裹着脆爽的香菜，香菜的香气在烤制后愈加浓郁，令人回味无穷。

材料

豆腐皮.............................300 克
香菜段.............................100 克
香葱段.............................100 克
辣椒酱.............................100 克
食用油.............................适量

工具

烧烤架
烧烤针

做法

① 将豆腐皮切成适当大小的方形片，分别卷入香菜段和香葱段。
② 用烧烤针把豆腐皮卷穿好，放于烧烤架上，再依次刷上食用油和辣椒酱，烤熟即可。期间要适当翻几次面。

这样烤，美味撩人吃到爽

· 大师支招 ·

豆皮卷香菜和葱时要卷紧一些，以免烤制的过程中散开。

烤薯角

材料

土豆 3个
黑胡椒粉 2克
盐 5克
辣椒粉 5克
食用油 15毫升

工具

电烤箱　烤盘　锡箔纸

做法

1. 将土豆洗净，切成船形块，放入盆中，加水浸泡后沥干。
2. 加入黑胡椒粉、盐、辣椒粉、食用油，搅拌均匀。
3. 烤盘内铺入锡箔纸，放入土豆块。
4. 烤箱上下火调至250℃预热好，推入烤盘，烤约8分钟。
5. 将烤好的土豆取出装盘即可。

人气食单
最具人气烧烤
推荐指数 ★★★★

推荐理由：

烤薯角是一道令人百吃不厌的美食。薯角浸透了黑胡椒粉、辣椒粉的味道，口感干、面、软，味道香浓。

这样烤，美味撩人吃到爽

大师支招

土豆块先用清水浸泡，可以去除表面的淀粉，避免烤的时候粘在锡箔纸上。

烤苹果干

材料

苹果 .... 300 克
盐 .... 适量

工具

电烤箱　烤盘　锡箔纸

做法

1. 将苹果洗净，切薄片，放入盐水中浸泡1～2分钟。
2. 将苹果片捞出，放在厨房用纸上吸干表面的水。
3. 烤盘内铺入锡箔纸，均匀地摆上苹果片。
4. 烤箱上下火调至100℃，推入烤盘，烤10分钟。
5. 拿出烤盘，把苹果翻面，继续烤10分钟。
6. 将烤好的苹果片取出装盘即可。

人气食单
最具人气烧烤
推荐指数
★★★★★

这样烤，美味撩人吃到爽

推荐理由：

一道菜品能让众人喜欢到忽略它的"长相"，其味道必然是出众的。烤苹果片就是这样，虽没有出众的外表，但是它脆脆的口感、酸甜的味道，却让人无法忽略。

大师支招

苹果切开后容易发黄甚至变黑，泡在盐水中，能起到保鲜的作用。

1

2

3

4

5

6

红糖烤西柚

材料
西柚……………………1个
红糖……………………15克

工具
电烤箱
烤盘
锡箔纸

做法
❶ 将西柚切四瓣,每瓣的表面上抹适量红糖。
❷ 烤盘内铺入锡箔纸,放入西柚。
❸ 烤箱上下火调至200℃预热好,推入烤盘,烤5分钟即可。

推荐理由:

西柚经过烘烤后散发出诱人的果香,当红糖慢慢渗入果肉中,西柚的苦涩味会慢慢退却,显得格外香甜多汁。

大师支招

烤西柚时会有红糖流下来,因此在烤盘中最好铺上一层锡纸,否则烤盘很难清洗。

1

2-1

烤菠萝片

材料
菠萝..................1个
糖粉..................15克
红酒..................适量

推荐理由：

将菠萝穿好，淋上酱汁后再进行烤制，入口酸甜多汁，还有一股水果的芳香。

工具
烧烤架　　烧烤针

做法
① 将菠萝去皮，切片，用烧烤针穿好。
② 将糖粉、红酒放入碗中，搅拌均匀成酱汁。
③ 将穿好的菠萝片放在烧烤架上烤至变色，淋上酱汁，再慢慢烤熟，中间要翻几次面。

大师支招

喜欢菠萝片更干一些的话可以切得更薄一些，但是不要薄于2毫米。

这样烤，美味撩人吃到爽

3-1

3-2

鲜柠檬烤腰果

材料

腰果......................250 克
柠檬......................1 个
盐、白砂糖............各适量

工具

电烤箱
烤盘
锡箔纸

做法

1. 将腰果洗净，沥干，放入盆中。
2. 将柠檬切开，柠檬汁挤在腰果上，再加入白砂糖和盐，搅拌均匀，腌制约 5 分钟。
3. 烤盘内铺入锡箔纸，放入腰果。
4. 烤箱上下火调至 180℃ 预热，推入烤盘，上下火调至 200℃ 烤 10 分钟。
5. 将烤好的腰果取出装盘即可。

人气食单
最具人气烧烤
推荐指数
★★★★

推荐理由：

腰果味道甘甜、香脆可口，既可当零食食用，又可制成美味佳肴。经过烘烤的腰果更加香酥，还带有柠檬的清新气息。

大师支招

腰果中含有较多的蛋白质，加入柠檬汁不仅会使其更加美味，还有助于消化和吸收。

这样烤，美味撩人吃到爽

烤板栗

材料

去壳板栗 .... 150 克
麦芽糖 .... 5 毫升

工具

电烤箱　烤盘　锡箔纸

做法

1. 用温水将板栗洗净，沥干，放入盆中。
2. 加入麦芽糖和少许清水，搅拌均匀。
3. 烤盘内铺入锡箔纸，放入板栗。
4. 烤箱预热 5 分钟至 200℃，推入烤盘，烤 5 分钟。
5. 取出烤盘，将板栗翻一下，烤箱上下火调至 240℃，再烤 10 分钟。
6. 将烤好的板栗取出装盘即可。

推荐理由：

一到秋天，空气里就飘荡着香甜的味道，那是烤地瓜和烤板栗的香气。烤好的板栗香喷喷、软糯糯、甜滋滋，让人爱不释口。

大师支招

可以用带壳板栗直接烤。挑选时要选颗粒饱满、个头中等的，不要太大，否则不易烤熟。

这样烤，美味撩人吃到爽

琥珀核桃

材料

核桃仁…………200 克
黑芝麻…………5 克
白砂糖…………15 克
蜂蜜……………30 毫升

工具

电烤箱　烤盘　锡箔纸

做法

① 将核桃仁放入盆中，加入蜂蜜、白砂糖、黑芝麻和少许清水，搅拌均匀。
② 烤盘内铺入锡箔纸，放入核桃仁。
③ 烤箱上下火调至200℃预热好，推入烤盘，烤5分钟。
④ 取出烤盘，翻一下核桃仁，入烤箱再烤10分钟。
⑤ 将烤好的核桃仁装盘即可。

推荐理由：

这是一道能够带给味蕾奇妙感受的美食，一层琥珀色的糖浆裹住香脆的核桃仁，入口酥脆香甜，格外可口。

大师支招

拌核桃仁时，尽量使其均匀粘裹上蜂蜜和白砂糖，否则会影响成品的香味及口感。

这样烤，美味撩人吃到爽

五香盐爆花生

材料

花生米..................250 克
桂皮、八角、香叶..各 5 克
花椒、干辣椒........各 5 克
粗海盐..................200 克

工具

电烤箱　烤盘　锡箔纸

做法

① 将花生米用温水浸泡后洗净,用厨房用纸吸干表面的水,放入盆中。
② 加入辣椒、桂皮、八角、花椒、香叶、粗海盐,搅拌均匀。
③ 烤盘内铺入锡箔纸,放入花生米。
④ 烤箱上下火调至 180℃预热,推入烤盘,烤 10 分钟。
⑤ 取出烤盘,拌匀花生米,入烤箱再烤 5 分钟。
⑥ 将烤好的花生米筛出装盘即可。

人气食单
最具人气烧烤
推荐指数
★★★★

推荐理由:

五香盐爆花生是极受欢迎的下酒小菜和休闲小食。花生米经过高温的烘烤,口感更加酥脆。

大师支招

将花生米放入温水中浸泡,烤制时可以使其与粗盐充分混合,从而更易入味。

这样烤,美味撩人吃到爽

1

2

3

4

5

6

一抹香甜在齿颊间留香·主食烧烤

与其他烹饪方式相比,烧烤能让主食更香甜适口,再配上鲜嫩多汁的蔬菜,简直是不可多得的美味。

人气食单
最具人气烧烤
推荐指数
★★★★

推荐理由:

玉米饼不用蒸而是用烤的方式制作,口感酥润,香气扑鼻。

烤奶香玉米饼

材料

玉米粉	200克
面粉	100克
奶粉	20克
鸡蛋	1个
酵母	5克
白砂糖	20克
食用油	适量

工具

电烤箱
烤盘
锡箔纸

做法

1. 将鸡蛋打入盆中,加入玉米粉、面粉、奶粉、酵母、白砂糖、油、清水,搅拌成糊状。
2. 烤盘内铺入锡箔纸,刷上一层食用油,再把玉米糊舀到烤盘上,放置10分钟。
3. 烤箱上下火调至200℃预热好,推入烤盘,烤10分钟即可。

· 大师支招 ·

将玉米糊放入烤盘后静置10分钟,能使其充分发酵,再放入烤箱烤制,可以让玉米饼的味道更加绵柔。

1

2

3-1

3-2

推荐理由:
这是一道做法简单又美味的美食。烤好的饭团每粒米都很入味,且外层酥脆的程度恰到好处。

烤饭团

材料

米饭	2 碗
泡菜丁	100 克
火腿肠粒	100 克
黑芝麻	30 克
米醋	15 毫升
酱油	20 毫升
白砂糖	2 克
香油	5 毫升
白胡椒粉、食用油	各适量

工具

电烤箱
烤盘
锡箔纸

人气食单 最具人气烧烤 推荐指数 ★★★★

这样烤，美味撩人吃到爽

做法

1. 将所有材料一并放入盆中，搅拌均匀，制成饭团。
2. 烤盘内铺入锡箔纸，刷上一层食用油，逐个放入饭团。
3. 烤箱上下火调至230℃预热好，推入烤盘，烤8分钟。
4. 将烤好的饭团装盘即可。

大师支招

烤饭团用隔夜的剩米饭来做更好吃，因为经过一夜的水分蒸发，烤出来的饭团粒粒分明，口感更好。

烤面包片

人气食单
最具人气烧烤
推荐指数 ★★★★

推荐理由：

面包配上黄油和马苏里拉奶酪，带来不同的美味，或强烈、或绵软、或柔美，而面包也愈发葱香馥郁、入口松脆。

材料

面包	4片
马苏里拉奶酪	75克
黄油、黑胡椒粉	各10克
橄榄油	15毫升
蒜蓉、葱末	各15克

工具

烧烤架　烧烤针

做法

❶ 将面包片用烧烤针穿起来，涂上黄油，再撒上黑胡椒粉、蒜末、葱末、马苏里拉奶酪。

❷ 将涂满酱料的面包片放在烤架上，烤至变色即可，烤的过程中要刷上橄榄油，并适当翻几次面。

这样烤，美味撩人吃到爽

大师支招

面包片搭配西红柿、黄瓜、生菜等蔬菜同食，有益于营养均衡。

附录一：烧烤好搭档——爽口凉菜

花生仁拌菠菜

材料：花生米100克，菠菜300克，熟白芝麻少许，香菜50克，红椒1个

调料：盐5克，味精3克，白糖2克，花椒油、植物油、酱油各适量

做法：

1. 将拣好的花生米装入漏勺中，放入沸水锅中焯烫2分钟，取出沥干；红椒洗净，切成小块，放入沸水锅中，焯烫片刻，捞出备用。
2. 炒锅上中火，倒入植物油烧至七成热，放入花生米，待炸酥后捞出控油，冷却。
3. 将菠菜去根，洗净，切成均匀的小段，放入沸水锅中烫熟，捞出沥水备用。
4. 将香菜择去老叶，用清水洗净，再用冷盐开水清洗一次，沥干水，切成与菠菜等长的小段，放入盘内，加入菠菜，撒入红椒块，调入酱油、白糖、盐、味精、花椒油拌匀，最后撒上花生仁和熟白芝麻，略拌即可。

泡菜西芹

材料：西芹300克，红辣椒1个

调料：盐50克，味精5克，香油5毫升

做法：

1. 将西芹去根，撕除粗的茎丝，用清水洗净，沥干水，斜切成边长约为1厘米的菱形片；红辣椒洗净，切成菱形片。
2. 将西芹片、辣椒片装入盛器中，调入盐，混合拌匀，腌渍约1小时，期间可多次翻动，待西芹软化后将盐水滗出，注入冷开水，将西芹片、红椒片略洗一遍，沥干备用。
3. 将西芹片、红椒片装入碗中，调入少许盐、味精、香油，拌匀后略腌片刻，整齐地摆入盘中即可。

凉拌黑木耳

材料：黑木耳400克，青椒、红椒各少许
调料：生姜10克，蒜泥、盐、味精、胡椒粉、辣椒酱、辣椒油、香醋各适量
做法：

1. 将黑木耳用温水泡发至软，用流水逐片清洗干净，再用手撕成小片；生姜洗净，切成丝；青椒洗净，切圈；红椒洗净，切成丝或碎末。
2. 将净锅上火，注入适量清水，烧沸后下入黑木耳焯烫至熟，捞出沥水备用。
3. 将焯好的黑木耳与姜丝一起放入碗中，加入蒜泥、辣椒酱、辣椒油、盐、味精、胡椒粉、香醋、青椒圈、红椒丝（或红椒末）搅拌均匀即可。

爽口萝卜皮

材料：新鲜白萝卜5个
调料：野山椒30克，生抽20毫升，盐10克，味精5克，陈醋10毫升，冷开水适量
做法：

1. 将新鲜白萝卜洗净，削去皮，切成长片，晾干备用。
2. 将白萝卜皮放入酱缸或泡坛中，加入野山椒、生抽、盐、味精、陈醋和冷开水拌匀。
3. 加盖密封腌渍1天，即可取出食用。

什锦豆干丝

材料： 豆干200克，海带50克，粉丝50克，红椒50克，青椒10克

调料： 盐5克，味精3克，酱油5毫升，香醋5毫升，香油5毫升，姜末、蒜末各少许

做法：

1. 将豆干洗净，切丝；粉丝用热水浸泡至软；海带洗净，切成细丝；红椒、青椒分别洗净，去籽，切成细丝。将上述材料分别放入沸水锅中，焯烫至熟后捞出，晾凉。
2. 将烫好的豆干、粉丝、红椒丝、青椒丝放入碗中，加入盐腌渍5分钟，再加入海带丝，调入味精、酱油、香醋、香油、姜末、蒜末拌匀，装盘即可。

姜汁豆角

材料： 豇豆400克，红椒丝少许

调料： 姜末5克，蒜末10克，香油少许

姜味汁： 姜汁50毫升，盐8克，味精3克，植物油适量

做法：

1. 将豇豆洗净，择成5厘米长的段，放入沸水锅中焯烫后捞出沥干，晾凉备用。
2. 将姜味汁调好，加入姜末、蒜末、香油混合，调匀后淋入豇豆中，混合拌匀，撒上红椒丝即可。

盐汁竹笋

材料：竹笋500克，红椒20克，大葱10克

盐味汁：盐5克，味精1克，香油2毫升，鲜汤少许

做法：

1. 竹笋、红椒、大葱分别洗干净，切丝，再分别放入沸水锅中焯烫至断生，捞出沥水备用。
2. 将焯熟的竹笋丝、红椒丝、葱丝放入盘中，淋入调好的盐味汁，拌匀即可。

柴鱼豆腐

材料：柴鱼丝50克，豆腐200克，海苔丝少许

调料：酱油8毫升，盐5克，味精3克，香葱花5克，姜末5克

做法：

1. 将豆腐切成块，焯水后捞出晾凉，再放入冷开水中浸泡片刻，盛入碗中。
2. 将柴鱼丝、海苔丝混合，加盐、姜末、味精、酱油拌匀入味，放在豆腐上，撒上香葱花即可。

·大师支招·

上桌时可将碗放入装有冰块的盛器中，以保持豆腐的温度。

附录二：烧烤好搭档——降火凉茶

二十四味凉茶

材料：茅根、金银花、桔梗、土茯苓、夏枯草、金钱草、鱼腥草、淡竹叶、腊梅花、枸杞、黑芝麻、金菊花、麦冬、胖大海、茉莉花、山楂、甘草、莲心、薄荷、毛峰茶、玫瑰茄、银杏叶、冰糖、芦根各适量

做法：

1. 将全部药材放入清水锅里，用小火熬约2小时。
2. 去渣取汁，加入白糖和少量食盐即可。

功效：二十四味凉茶采用纯天然植物精制而成，可降火、解暑、养颜护肤，吃完烧烤来一杯凉茶，美味又健康。

大师支招

此茶所用药材较多，要小火慢熬，药物成分才能充分溶于水中，茶水才更有药效。

杏仁奶茶

材料：苦杏仁20枚，白糖6g，牛奶半袋

做法：
1. 将苦杏仁捣碎，同冰糖一起放入有盖的杯子中，用适量沸水冲泡。
2. 盖上杯盖闷15分钟后，兑入鲜牛奶即可。

功效：鲜牛奶具有滋养脾胃、增强体质的功效，杏仁、冰糖能润肺止咳。烧烤后配上一杯浓郁的杏仁奶茶，既营养又美味，还可以减少辛辣刺激食物对脾胃的伤害。

大师支招

不宜过早兑入牛奶，因为沸水会破坏牛奶中的营养物质。

清热茅根竹蔗茶

材料：竹蔗500g，白茅根150g

做法：
1. 将竹蔗洗净，去皮，切片。
2. 将竹蔗、白茅根放入锅中，加水，中火烧开，转小火煎煮15分钟即可。

功效：滋心脾、清血热、止渴利尿。在吃烧烤食物时适量饮用该凉茶，可避免燥热食物引起的上火。但虚寒出血、呕吐者禁服。

大师支招

此茶不宜煎煮过久。

图书在版编目（CIP）数据

爆款烧烤 / 万龙编著 . -- 青岛 : 青岛出版社 ,2016.9
（巧厨娘·人气食单）
ISBN 978-7-5552- 4546-9

Ⅰ.①巧… Ⅱ.①百… Ⅲ.①烧烤—菜谱 Ⅳ.① TS972.129.2

中国版本图书馆 CIP 数据核字 (2016) 第 203708 号

BAOKUAN SHAOKAO

书　　名	爆款烧烤
系 列 名	巧厨娘·人气食单
组织编写	百映生活
编　　著	万　龙
出版发行	青岛出版社
社　　址	青岛市崂山区海尔路 182 号（266061）
本社网址	http://www.qdpub.com
邮购电话	0532-68068091
策划组稿	周鸿媛　杨子涵
责任编辑	杨子涵　逄丹
封面设计	任珊珊　宋修仪
印　　刷	晟德（天津）印刷有限公司
出版日期	2017 年 1 月第 1 版　2022 年 5 月第 3 次印刷
开　　本	16 开（710 毫米 *1000 毫米）
印　　张	14
字　　数	300 千
图　　数	626
书　　号	ISBN 978-7-5552- 4546-9
定　　价	32.80 元

编校印装质量、盗版监督服务电话：4006532017　0532-68068050
建议陈列类别：美食类　生活类